“十四五”时期国家重点出版物出版专项规划项目
先进制造理论研究与工程技术系列

U0211710

直升机装配集成制造技术基础

Fundamentals of Helicopter Assembly
and Integrated Manufacturing Technology

张国强　熊　俊　著

哈爾濱工業大學出版社
HITP　HARBIN INSTITUTE OF TECHNOLOGY PRESS

内 容 简 介

本书以作者历年来在多型号直升机装配集成制造领域积累的丰富经验为基础,立足当前直升机制造领域实际和未来发展的需求,系统化地梳理现有直升机装配集成制造技术关键要素,按互换与协调技术、部件装配制造技术、总装集成制造技术、试飞技术等大类划分,具体阐述每类技术的制造工艺方法、适用性、难点及配套装备等,如基于数字量传递的互换协调方法、部件装配连接技术、部件数字化装配技术、功能装置安装与调整技术、地面试验技术、场务保障技术等。此外,本书还列举了数智化装配工艺设计、机器视觉、数字孪生、自动牵引、整机数字化测量、武器原位校靶、试飞智能避让、扩展现实等新兴技术在直升机装配集成制造中的应用前景。

本书具有较强的实用性和先进性,可作为直升机制造领域工程技术人员学习及实践的工具书、军事代表对直升机装配制造过程质量监督的辅助工具书,还可作为高校相关专业学生的参考书。

图书在版编目(CIP)数据

直升机装配集成制造技术基础/张国强,熊俊著.
—哈尔滨:哈尔滨工业大学出版社,2024.11
(先进制造理论研究与工程技术系列)
—ISBN 978 - 7 - 5767 - 1617 - 7

Ⅰ.Ⅴ275

中国国家版本馆 CIP 数据核字第 20244ⅤW458 号

策划编辑	许雅莹　张永芹	
责任编辑	张永芹　张　权	
封面设计	刘　乐	
出版发行	哈尔滨工业大学出版社	
社　　址	哈尔滨市南岗区复华四道街 10 号　邮编 150006	
传　　真	0451—86414749	
网　　址	http://hitpress.hit.edu.cn	
印　　刷	哈尔滨博奇印刷有限公司	
开　　本	720 mm×1 000 mm　1/16　印张 8.5　字数 143 千字	
版　　次	2024 年 11 月第 1 版　2024 年 11 月第 1 次印刷	
书　　号	ISBN 978 - 7 - 5767 - 1617 - 7	
定　　价	58.00 元	

前 言

随着自动化、数字化、智能化等先进制造技术的引入，直升机制造技术体系发生重大变革。本书以作者历年来在多型号直升机装配集成制造领域积累的丰富经验为基础，立足当前直升机制造领域实际和发展要求，着眼直升机装配集成制造先进技术，通过对直升机装配集成制造技术关键要素的全面梳理，阐述直升机全流程制造技术的知识架构，归纳分析装配集成制造工艺方法、适用性、难点及配套装备等。

本书以某型号直升机及其延伸型号机为例，内容涵盖了近年来出现的并在当前广泛应用的直升机装配集成制造技术，还列举了机器人、5G 通信等新兴技术在直升机装配集成制造中的应用前景。

全书共 4 章，包括直升机制造中的互换与协调、直升机部件装配制造技术、直升机总装集成制造技术、直升机试飞技术，每章阐述相应装配集成技术方法及制造要求。

本书由陆军装备部航空军事代表局驻哈尔滨地区航空军事代表室张国强、航空工业哈尔滨飞机工业集团有限责任公司熊俊撰写，具体撰写分工如下，第 1 章由熊俊、曹金华、赵琛、张体磊、宋海楠、刘宏博、岳旭共同撰写，第 2 章由张国强、李宏亮、肖湘凡、尹荣颖、张鑫、王圣基、李飞、白华共同撰写，第 3 章由熊俊、杨培滋、吕长生、冯津玮、周政言、赵雨晴共同撰写，第 4 章由张国强、佟勇、都业宏、章强、杨宇超、李雪共同撰写。本书由西北工业大学张杰教授，北京航空航天大学高瀚君教授,航空工业哈尔滨飞机工业集团有限责任公司吴继超、云庆文主审,全书由张国强、熊俊统稿,由尹荣颖、李海昌负责排版等工作。

本书可供航空工程技术人员、航空领域军事代表及相关专业师生参考使用。

由于作者水平有限,书中难免存在疏漏之处,敬请广大读者批评指正。

作　者

2024 年 7 月

目 录

第 1 章

直升机制造中的互换与协调

1.1 概　　述

直升机由钣金、机械加工和复合材料等不同种类的零件组成。不同种类的零件采用的制造工艺不同,直升机钣金零件和机械加工零件完成加工后装配为一架完整的符合设计外形的直升机,这对加工过程中零件与零件之间的协调性提出较高的要求。由于直升机产品的特殊性,直升机制造技术与一般机械制造明显不同,它有自己的独特之处。其中关键是经各种制造环节的直升机,其几何形状和尺寸需要符合设计人员的要求,可以顺利完成装配并能满足使用和维护的需要。直升机制造工程的任务是使图纸上直升机的几何形状和尺寸能正确无误地传递到最后的产品上,并且其零件、部件具有互换性和协调性,因此,技术人员需要采取一系列技术措施保证实现这一任务。

各种不同类型的零件加工及装配过程中都涉及互换与协调。直升机制造技术随着科学技术的进步而不断发展,社会需求和市场竞争也推动着直升机制造技术和制造模式革新与进步,对直升机零件的互换性要求不断提高。

1.1.1　直升机互换与协调的定义

直升机制造中的互换性（即完全互换性）是指，相互配合的直升机结构单元（部件、组件或零件）在制造后进行装配时，除设计规定的调整外，不需选配和补充加工（如切割、锉铣、钻铰和敲修等）便可满足几何尺寸、形位参数和物理功能的要求。直升机制造中的互换性包括几何形状互换性和物理功能互换性，它是由直升机结构和生产上的特点决定的。互换性只针对同一直升机结构单元，而协调性则是指两个或多个相互配合/对接的直升机结构单元之间、直升机结构单元与工艺装备之间、成套的工艺装备之间配合尺寸和形状的一致性程度。一致性程度越高，协调性越好，协调准确度越高。

1.1.2　直升机制造中的互换要求

直升机制造中的互换要求一般指使用互换、生产互换及厂际互换。

（1）使用互换。

在使用中直升机被局部损坏，要求更换某部分是常有的情况，互换的部件（段件）应具有相同的（在公差范围之内）连接面尺寸和形状，相同的对接螺栓孔和管道孔的位置，一致的气动力特性、质量和重心，而敷设在其中的操纵系统应具有相同的技术特性，如机翼、尾翼、舵面和旋翼等都要求具备互换性。

（2）生产互换。

在成批生产中，零件、构件等不经修配和补充加工就可以直接安装，安装后能满足技术性能要求，则该零件或构件就具有生产互换性。在大批量生产中主要采用互换方法组织均衡、有节奏的生产。在直升机的成批生产中也希望尽可能采用这种方式生产，但由于实际工作中很难达到或是经济上极不合理，因此在直升机生产中并不要求完全互换，而是局部互换。互换性项目要求越多，对生产部门要求也越高。

（3）厂际互换。

当同一型号直升机或其部件由几个工厂同时制造时，各工厂生产的某些部件应具备互换性，这就需要采取必要的技术措施和相应的技术文件来保证。

1.1.3　直升机制造准确度和协调准确度

直升机制造准确度是指实际工件与设计图纸上确定的几何尺寸和形状近似的程度,近似程度越高,则制造准确度越高。

协调准确度是指两个零件、组合件或部件(段件)之间配合的实际尺寸和形状近似的程度。

在直升机生产中,一般对协调准确度的要求比对制造准确度的要求高。制造准确度只与各个部分的本身制造过程有关,它取决于直升机各部分单独制造过程中产生的误差。

直升机各个部分相配合的表面或尺寸的协调准确度则取决于有关的两个部分单独制造过程中产生误差的综合数值,即与两个相配合部分制造过程之间的相互联系有关。例如,机身前段和机身后段对接处,图纸上规定为直径 D。在机身前段及后段分别制造时,得到的实际尺寸为 $D+$ 及 $D-$,则 $D-(D-)$ 和 $D+(D-)$ 分别为机身前段及后段的制造误差,误差的统计特征数值分别说明各自的制造准确度,而非机身前后两段之间的协调准确度。

1.1.4　直升机制造协调原理

协调与互换是两个不同的概念。协调是指两个相互配合的工件之间或工件与工装之间对应尺寸和形状的一致性。具有互换性的零件(或组合件、段部件)配合一定是协调的,反之,协调的零件(或组合件、段部件)不一定具有互换性。

在直升机制造中,当直升机的零件(或组合件、段部件)具有生产和使用互换性时,不但可以减少装配和对接时的修配工作量,节省大量工时,缩短生产周期,降低生产成本,有利于组织有节奏的批量生产,而且可避免由强迫装配产生的装配变形,以及直升机结构内产生装配残余应力和局部应力的集中(这种集中对直升机的使用寿命和安全有害)。同时,当直升机某个零件(或组合件、段部件)在使用中被损坏后,能迅速更换备件,防止因局部的损坏而影响直升机的正常使用,从而延长直升机的使用寿命,保证直升机的使用性能。因此,保证直升机零件(或组合件、段部件)生产和使用的互换性,对直升机的制造和使用具有重要意义。

然而,直升机机体的结构和形状很复杂,零件的数量多、尺寸大、刚度小,容易产生变形。在直升机制造过程中零件工艺流程长,所用工艺装备的种类和数量繁多,产生误差的环节多,因此存在很多影响互换、协调的因素。用户日益要求提高产品的使用性能,制造中又要保证直升机结构件具有协调与互换的高度准确性。长期以来保证互换、协调一直是直升机制造中的难点,不仅是直升机制造技术不同于一般机械制造技术的重要之处,还是直升机制造技术的特点。因此,工程技术人员一直寻求提高直升机制造准确度的各种方法和途径。直到计算机技术的迅速发展和数字化技术的全面应用,才使直升机制造技术中的互换与协调问题得到较好的解决。

　　从保证产品几何准确度的角度来看,产品的制造过程是将图样上的理论尺寸以最小的误差传递到产品的过程。在采用传统的直升机制造模式来制造薄壁结构的直升机时,大部分结构零件(特别是与外形有关的零件)为尺寸大、刚度小、形状和配合关系复杂、容易变形的钣金零件和型材零件,这些零件不能用一般的机械加工方法制造,而是使用大量标准和专用工艺装备制造,这些工艺装备能以实物模拟量来体现产品的尺寸和形状。在将这些零件装配成组合件和部件时,也不能像一般机械产品零件那样依靠制造准确度本身来保证其装配准确度和互换性,而必须依靠上述工艺装备保证。因此,要保证直升机的制造准确度及生产中的协调性和互换性,必须首先保证各类生产工艺装备的制造准确度和协调准确度。工艺装备不仅是制造产品的手段,还是保证产品装配协调和互换的依据。在直升机制造中,将产品理论尺寸传递到工艺装备往往要经过很多传递环节和多次反复的移形过程。因此,保证各类成套工艺装备间的协调性成为直升机制造中的突出问题。在制定产品的装配和协调方案时,要注意选择合理的、能保证各类工艺装备协调的尺寸传递体系(通常称之为协调路线)。

　　工艺装备的协调路线是指根据所采用的尺寸传递体系,通过产品图纸实物模拟量(模线、样板、标准工艺装备)或数字信息(产品几何数学模型等),将机体上某一配合或对接部位中一个/一组协调的尺寸和形状,传递到有关工艺装备的传递环节、传递关系和传递流程图。

1.1.5　直升机典型协调原则及应用

　　无论是采用一般机器制造中的公差配合制度,还是采用模线样板方法作为直升机制造中保证互换性的方法,产品互换性的基础都是保证制造准确度和协调准确度。制造任何一种零件,其几何形状和尺寸的形成一般都是根据图纸确定的理论形状和尺寸,在生产中通过一定的量具、工艺装备(夹具、模具等)和机床来实现。在这一过程中,首先需要根据标准的尺度和量具,制造出生产过程中使用的各种测量工具或仪器;然后用它们制造各种工艺装备;最后通过工艺装备和机床加工出工件的形状和尺寸。整个生产过程是尺寸的传递过程,要使两个相互配合零件的同名尺寸相互协调,它们之间的尺寸传递过程必然存在一定的联系。

1. 零件按独立制造原则进行协调

零件按独立制造原则进行协调的示意如图 1.1 所示,它是以标准尺上所定的原始尺寸开始传递尺寸的。对于 L_A 和 L_B,原始尺寸是它们发生联系的环节,被称为公共环节。尺寸传递过程中只有一个公共环节,此后的各个环节都是单独进行的,所以称它为独立制造原则。

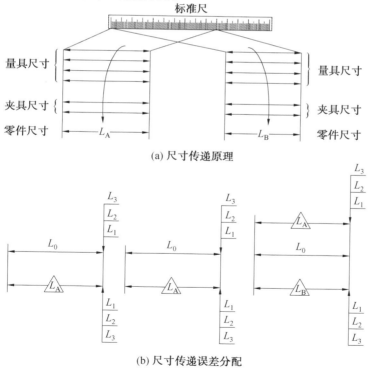

(a) 尺寸传递原理

(b) 尺寸传递误差分配

图 1.1　零件按独立制造原则进行协调的示意

以口盖与蒙皮的协调为例,讨论独立制造原则的应用。口盖与蒙皮开口之间的间隙要求比较小,而且要均匀,但口盖直径即使是几毫米的偏差,在使用时也不会造成任何困难,更不会对直升机性能有任何影响。由此可见,对两个零件协调准确度的要求比对每个零件制造准确度的要求高。按照独立制造原则,根据口盖和蒙皮开口的设计尺寸,通过测量工具分别制造口盖和蒙皮开口的样板;然后按照口盖的样板制造口盖的冲模,用冲模冲制口盖零件,同时根据蒙皮开口的样板在蒙皮开口。当采用这种方法时,为了保证两个零件有较高的协调准确度,要求各个样板和模具等具有更高的制造准确度。

2.零件按相互联系制造原则进行协调

零件按相互联系制造原则进行协调的示意如图 1.2 所示。当零件按相互联系制造原则进行协调时,零件之间的协调准确度只取决于各零件尺寸单独传递的环节,而尺寸传递过程中公共环节的准确度并不影响零件之间的协调准确度。

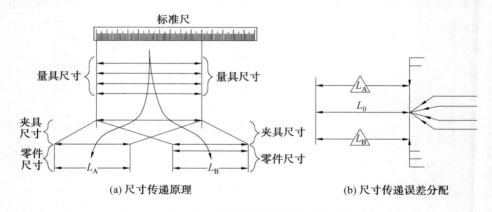

图 1.2　零件按相互联系制造原则进行协调的示意

3.零件按相互修配原则进行协调

零件按相互修配原则进行协调的示意如图 1.3 所示,它的联系系数 K 最大。在一般情况下,按相互修配原则比按相互联系制造原则能够达到更高的协调准确度。

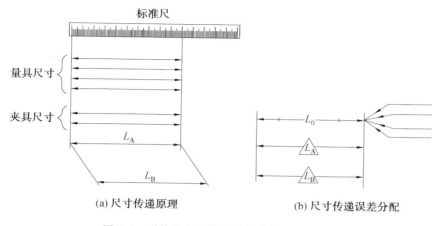

(a) 尺寸传递原理　　　　　　　　(b) 尺寸传递误差分配

图 1.3　零件按相互修配原则进行协调的示意

1.2　直升机基于模拟量传递的互换协调方法

1.2.1　基于模线样板的模拟量传递工作法

用模线样板方法协调产品的形状和尺寸是传统直升机制造中尺寸传递的特点。这个方法基于产品相互联系制造的原则,借助形状和尺寸的专门实物样件,从直升机图纸上传递形状和尺寸到所制造的零件和产品上。在这个过程中,原始尺寸产生的一些误差也伴随着形状和尺寸的传递而转移,这些误差的积累(相加或相减)最终体现在产品最后的形状和尺寸上。协调路线设计直接影响产品的制造准确度和协调准确度,因此对设计协调路线提出的基本要求是:保证直升机零件、组合件、段部件的互换性,即保证它们主要的几何参数外形、接头和分离面的互换性。

直升机产品的大量零件具有与气动外形有关的曲面外形,并且要求相互协调。同时直升机零件大部分用钣材制造,尺寸大、刚度差,不便用通用量具来度量外形尺寸,用一般机械制造中的公差制度也无法保证零件互换与装配协调。为保证直升机制造中的协调关系,采用模线—样板—(局部)标准样件协调工作方法,以实体模拟量制造出的各类工艺装备作为生产中传递几何形状和尺寸的原始依据,使制造出的各种工艺装备和零件互相协调,顺利进行装配。采用这种协调方法制造的协调路线如图 1.4 所示。

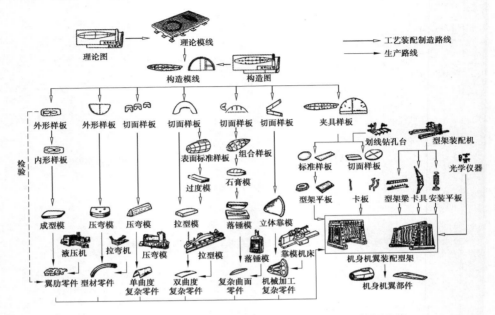

图 1.4　基于模线样板的模拟量传递工作法制造的协调路线

基于模线样板的模拟量传递工作法制造协调路线具有以下特点。

(1)直升机产品的尺寸和形状以模拟量方式传递,首先必须绘制理论模线,依次绘制结构模线、加工制造样板、制造工艺装备。

(2)对于结构比较复杂的部位,还需要量规—反量规、模型—反模型、标准样件—反标准样件,即立体的正—反—正的尺寸与形状的传递过程。

(3)在传递的过程中,还需要制造与产品不直接发生装配关系的大量标准工艺装备。

(4)通过保证相关协调尺寸或几何形状偏差方向的相对一致性,保证工艺装备之间的互换协调。

1.2.2　基于模拟量和数字量的混合协调工作法

基于模拟量和数字量的混合协调工作法可分为两种,即以模线、样板为基础的模拟量与数字量传递相结合的协调工作法,以计算机和数控技术为基础的数字量与模拟量传递相结合的协调工作法。

1. 以模线、样板为基础的模拟量与数字量传递相结合的协调工作法

用平面的实体模拟量(模线、样板)传递需要控制截面的曲面外形和尺寸,用立体的实体模拟量(如标准量规、(局部)标准样件)传递协调准确度要求较高的空间接头组及局部外形与接头间关系复杂部位的尺寸和形状。对于协调准确度要求不高的控制切面、接头组等在空间的相互位置(如型架中各外形定位件间的相互位置),则用样板将外形与外形、外形与成组接头间的关系,通过划线钻孔台等转化为用数字量体现的基准孔、安装孔等之间的关系,再用型架装配机、光学—机械测量等空间坐标系统确定其相互位置。这种协调工作法可省去大量标准样件,除样板外,只需要少量标准量规、标准平板、(局部)标准样件等工艺装备。

2. 以计算机和数控技术为基础的数字量与模拟量传递相结合的协调工作法

以计算机和数控技术为基础的数字量与模拟量传递相结合的制造协调路线如图 1.5 所示。采用这一协调方法可缩短协调路线,增加平行工作面。通过保证相关协调尺寸的制造准确度,从而保证各工艺装备协调部位的一致性。此外,这种协调方法还能大量减少样板、零件工艺装备(如各种过渡工艺装备和机械加工零件的工艺装备)和零件样件,需要采用的标准工艺装备很少。对于间距尺寸较大、协调准确度要求较高的对接接头部位(在尺寸小、协调关系简单时,可采用数控直接加工工艺装备),以及外形复杂或外形与接头空间关系复杂的立体部位,仍采用少量的标准量规、组合件综合标准样件和外形标准样件,保证工艺装备之间的协调性,但此时的标准样件与模线样板一样,只是作为工艺过程中传递几何信息的一种手段,失去了作为原始依据的功能,其制造也是通过数控机床加工而成。

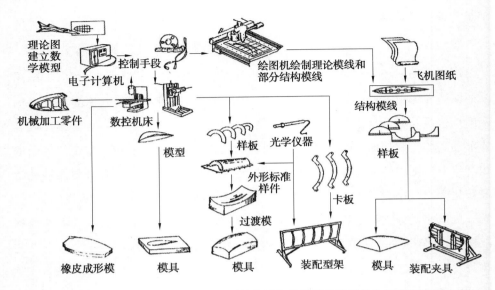

图 1.5 以计算机和数控技术为基础的数字量与模拟量传递相结合的制造协调路线

1.2.3 直升机模线样板

　　模线样板技术包括模线和样板两部分内容。模线是由模线设计人员根据设计图纸而绘制的图样；样板则是按照模线或数据加工而成的专用量具。模线是按 1∶1 比例尺精确绘制在金属板（或尺寸稳定的明胶板）上的产品外形线、基准线和主要结构件的轴线，是制造样板的依据。样板是平面型的刚性量具。模线通常分成理论模线和结构模线两大类。理论模线按直升机理论图绘制，它表示直升机部件的理论外形（气动外形）和各种轴线（坐标基准线和结构轴线），主要用于绘制结构模线时确定理论外形和各种轴线，也供加工样板用，它是直升机外形的原始依据。结构模线是根据设计结构图绘制的，主要用于加工各种样板，结构模线的绘制过程也是对直升机结构协调的验证过程。因此，模线样板是传统直升机制造技术中尺寸传递的主要方法。

　　样板具有多种类型，有的样板是制造和检验零件的依据，有的样板是制造和检验其他样板或其他工艺装备的依据。各种样板需要成套使用，相互之间需要协调。按样板制造立体工艺装备（如飞行器部件装配型架）时，要有一定的措施保证各个样板的相对位置准确。

　　模线样板的设计是直升机制造的首要环节，通过模线样板设计出高精度、高标准的零件,才能确保这些零件在装配后能够相互协调运作,保证直升机各方面功能的正常使用,以及飞行的安全性。在装配工艺中,模线样板的价值主要体现在两方面:一方面是为产品制造提供一个标准化的模板,明确零部件的尺寸、规格、材质和其他详细参数,可降低零部件的残次品率,明显提高工作质量;另一方面是方便进行流水化生产作业,批量化制作各类零件,特别是对于中大型的直升机,整机装配中所需零部件较多,使用模线样板能加快工作效率,对节约成本起到了重要作用。模线样板能够保证直升机制造所用零部件的标准化,为后期零部件的装配和产品的正常使用奠定基础。近年来,直升机设计制造中对零部件产品的性能要求更加严格,为了进一步提高模线样板的设计水平,必须与时俱进地引进数字化、信息化技术。在数字化环境下,直升机模线样板设计技术得到了优化,现阶段模线样板设计中常用的技术为基于模型的定义(model based definition,MBD)技术,它能够通过建立仿真的 3D 样品,更加完整、真实地反映样板产品的参数、规格和设计信息等,为后期实物生产和整机装配提供了必要的支持。因此,模线样板设计人员必须根据工作要求,合理选择数字化、信息化技术,优化模线样板设计流程,更加完善直升机各类组件的装配信息,为设计、装配等工作的开展提供便利。

1.2.4　直升机互换协调的生产用基本工艺装备

直升机装配中需要用到大量工艺装备,以确保直升机零部件处于准确的空间位置及保持准确的形状。产品零部件与其工艺装备之间存在直接的装配协调关系,并且由于直升机产品结构的复杂性,同一部件的装配可能用到多个装配型架,这些型架无直接的接触配合关系,但在协调部位的几何尺寸和形位参数之间存在精度相互联系关系。产品的制造工艺装备、检验工艺装备和装配工艺装备的外形曲面经常取自同一理论外形面或偏移平面/曲面,这些大量无直接联系的工艺装备之间同样存在协调关系,如图 1.6 所示。图中单向箭头表示产品零部件的组成关系或工艺装备适用零部件的范围,双向箭头表示协调关系。与一般机械装配中的装配关系不同,由于直升机装配具有层次性的特点,直升机装配中的协调关系不仅体现在产品零部件之间的直接接触配合关系,还体现在不存在直接接触配合关系的两直升机零部件间协调部位处,这种协调关系称为对应关系或相互联系关系。

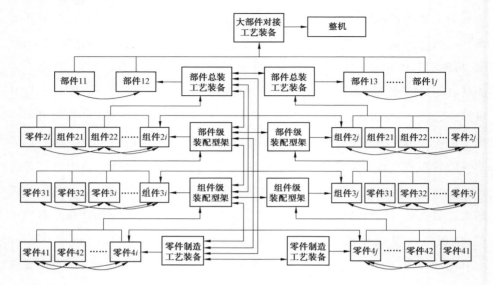

图 1.6　直升机制造中的协调关系

直升机制造中的协调关系指零部件或成套工装之间在尺寸和形状传递过程中的制造、检验协调关系,在细节上表现为零部件间的装配约束关系或配合关系,这种关系最终体现的结果可能是零部件或成套工艺装备间经过一系列的实物移形或数字移形过程,形成最终产品上零部件的形状尺寸;也可能是以成套工装为基准协调形成的最终产品多个零部件的形状尺寸,是直升机制造中需要保证的目标。

1.2.5　直升机常用的互换协调工作方法

在直升机装配中不协调现象发生在零件、组(部)件与工装之间,以及装配件与装配件之间,在装配工装之间具有协调关系的部位无法按产品设计数模进行装配,不能满足直升机制造准确度的要求。经验表明,装配不协调问题常在部件总装集成或部件、分部件装配完成以后进行对接、安装时才发现,查找原因比较困难,因为它涉及从零件制造开始所有的工艺装备和产品制造、装配工序及环节,范围广、因素多,泛泛地检查难以取得良好的效果。发生装配不协调现象的原因主要由产品设计、零件制造与装配、工装设备制造与安装等因素组成,如图1.7所示。

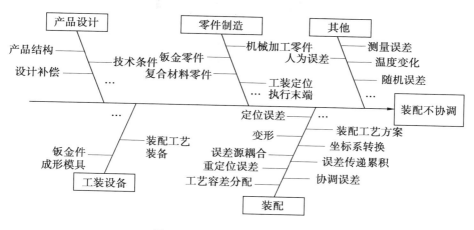

图 1.7 直升机制造中协调因素

1.2.6 标准样件协调方法

直升机模线样板在很大程度上可以视为缩小版的直升机模型,属于制造直升机过程中重要的量具内容。结合以往的设计经验,直升机模线样板对尺寸精确度要求较高,要求设计人员严格按照相关的设计标准,严格把控各项风险因素,保证直升机模线样板的设计质量。

标准样件协调方法是以立体型的零部件外形表面标准样件(包括零部件实物,经上机验证合格后作为依据)作为外形协调的原始依据,以各类标准样件作为主要的移形工具,协调制造有关零部件的工艺装备。各控制截面和接头的空间位置由样件保证,减少了尺寸、形状移制的转换环节,提高了协调精度,特别有利于工艺装备的复制和检修,但此类方法工作量大、费用高,不利于交叉作业,生产准备周期长,保存需要大面积恒温、恒湿库房。

标准样件协调方法主要解决直升机复杂外形的设计和系统结构的空间协调。该方法可以提高直升机几何设计的可靠性,适用于结构和系统复杂、难以在工程图和平面模线上确定的直升机部件和部位。该方法用于复杂、协调准确度要求高的工艺装备,有利于保证产品互换性。

1.2.7 局部标准样件协调方法

局部标准样件协调方法是一种整体采用尺寸控制而局部采用标准工装进行

协调的方法。以直升机模线样板为主,对一些外形曲率变化大的部位或交点采用局部标准样件协调方法,同时利用机械坐标系统和光学坐标系统建立空间关系,以此控制产品的几何精度。这是在型架装配机和光学工具法基础上采用的一种方法,它结合了模线样板工作法和标准样件协调方法的优点,解决了大型工装的制造问题。这种方法既抓住了协调的重点,又有利于平行作业,其经济性优于标准样件协调方法。

局部标准样件协调方法是 20 世纪 70～90 年代我国普遍采用的方法,可根据直升机各部位的不同结构特点,不同的制造精度和协调精度要求,不同的设备条件及不同的生产性质、规模等灵活选用。

1.3 直升机基于数字量传递的互换协调方法

为保证直升机零件、组件、部件的互换与协调,国外的直升机制造公司大量采用数字化技术,如波音、洛克希德·马丁、空中客车直升机等公司。洛克希德·马丁公司在 F－35 的制造中使用了更先进的数字化协调技术,首先使用 CATIA(computer aided 3D interactive application)软件生成实体模型,提供了零件数字化定义的唯一数据源;同时快速产生数控加工(numerical control,NC)程序,通过仿真验证所加工零件正确与否,并使用柔性夹具精确装配,取消大量工装设备;最后采用 Metronor 计算机辅助测量系统检验零件的具体几何形状。数字化协调技术已在该公司 900 多个零件上进行验证,经济性较强。

在三维数字化环境下,直升机基于数字量传递的互换协调方法以数字化定义的尺寸和外形模型为基础,在统一的设计基准下,定义直升机零部件等结构的空间分配和规定的容差要求等信息,并对设计/工艺基准系统集成与扩充,通过计算机辅助工装设计、NC 制造零部件和工装,并采用相应的数字化测量与控制系统安装工装和产品,把产品协调部位的尺寸与形状信息通过数字量的方式直接传递到产品或生产工艺装备,大量采用装配孔作为协调基准,并且广泛在不同零件预定义的结合面处配合装配,同时采用自动定位和对准工装系统夹持定位直升机的组/部件,如图 1.8 所示。整个装配过程不需要复杂地测量与调整,只需要通过激光跟踪仪测量关键特征在组/部件空间坐标系中的位置数据,并与三维模型中规定的理论数据做对比分析,对各尺寸传递环节的精度信息进行反馈。该方法实现了直升机产品的准确定位,使各组/部件以最少数量的工装设备完成装配,提高了装配的质量与效率,同时降低了制造成本,从而使最终得到的实物产品具有协调一致的几何形状和尺寸。

图 1.8 全数字量直升机模型

研究全数字量的装配协调关键技术,建立数字量装配协调理论方法,健全基于数字量的尺寸与形状传递体系,在数字化装配技术的发展趋势下,为消除由两种协调方式并存引起的不必要的协调误差环节,须综合考虑协调成本、制造周期、日益提高的制造准确度和协调准确度要求等方面的因素,亟须统一协调依据,满足直升机制造业的技术发展需求。

1.3.1 直升机数字量传递协调方法

在直升机制造中采用计算机辅助技术和数控加工等新技术,就出现以直升机外形的数学模型为基础的协调方法——数字量传递协调方法。这种协调方法的特点是可以应用独立制造原则,通过建立统一的精确直升机几何数据库,将直升机外形和内部结构的几何信息直接传递给数控设备用于零件和工艺装备的数控加工。因此,在数字量传递协调方法中可以省掉许多样板和标准工艺装备。

1.建立几何模型

用计算机建立直升机外形和部分内部结构的几何模型,并将其作为应用于直升机制造过程中各个环节统一的几何数据库,如图 1.9 所示。通过数控绘图机绘制理论模线、结构模线和直升机生产图纸,大大提高了理论模线、结构模线和直升机生产图纸的质量及绘制效率。在计算机内存储的直升机外形和部分内部结构的几何模型成为直升机制造的原始依据。

图 1.9　直升机的几何数据库

2. 工艺装备制造

在工艺装备制造方面，对形状和协调关系复杂的组合件的标准样件、用于钣金零件制造的大量成形模具、装配型架上的内形板和外形卡板等可以采用数控加工和数控测量技术。对于工艺装备数控加工所需要的有关形状和尺寸的几何数据，可以直接从直升机的几何数据库中提取，不再需要经过模线和样板等尺寸传递过程，这样可以大大提高工艺装备的制造准确度、协调准确度和加工效率，缩短生产准备周期。

3. 零件制造

在零件制造方面，由于直升机上采用了很多整体结构件，这些重要的直升机零件（包括整体框、整体肋、整体梁和整体壁板等）也采用了数控加工和数控测量技术，大大提高了零件加工的制造准确度和协调准确度，减少了尺寸传递的许多中间环节。

1.3.2　直升机数字样机的制造及协调特点

进入 21 世纪以来，数字样机（digital prototype，DP 或 digital mock-up，DMU）在制造业信息化领域中出现的频率越来越高，数字样机是相对于物理样机而言的，是指在计算机上的机械产品整机或子系统的数字化模型与真实的物理产品具有 1∶1 的精确尺寸，其作用是用数字样机验证物理样机的功能和性能。数字样机的模型特征反映所设计产品的实际特征，包含全部零部件及相关子系统的完整数字信息模型,可进行工程分析、优化、生产制造和数据管理。考虑计算、显示效率和经济性,数字样机可在一定程度上进行必要的简化设计和轻量化设计。

1. 直升机数字样机的制造特点

自从三维数字化技术出现以后,直升机的外形基准由三维全机数模代替了金属样机,既减少了金属样机的制造和大量的模线绘制工作,又大大提高了直升机外形与空气动力学要求的形状符合度,减少了 90% 的直升机零部件设计的不协调问题。另外,三维全机数模在直升机研制中已经成为所有设计制造的依据,是各专业领域分析和制造的单一数据源,为直升机研制领域带来一次革命。目前,我国的直升机研制已采用这一技术,使新一代直升机的表面相较于 20 世纪 70~90 年代的直升机有了巨大的改善。由于三维设计具有干涉检查的功能,在直升机设计阶段就可以发现内部结构与系统的不协调问题,可减少制造和装配过程中 90% 由不协调问题造成的返工和报废。

2. 直升机数字样机的协调特点

直升机数字样机是直升机产品的数字化表述,是与直升机相关的所有三维数字信息构成的产品模型集合,可用于工程设计、工程分析(空间分析、运动分析、拆装模拟、加工制造和维护检测)和工程仿真等活动。直升机数字样机的出现革新了传统直升机的协同研制方式,开创了直升机数字化协同研制的新阶段,随着数字化技术、计算机技术的不断发展,数字样机在直升机数字化协同研制中的作用和地位不断上升。数字样机能够作为计算机辅助制造和产品数据管理的前端数据源,实现基于参数化的三维零部件模型设计、制造和装配模拟,并实现零部件干涉间隙及装配过程仿真,零部件有限元仿真、动力学仿真等。

1.3.3　直升机数字量尺寸传递体系

由传统的直升机制造模式可知,由于直升机产品的特殊性,直升机制造技术与一般的机械制造明显不同。其中关键是如何保证通过种种环节制造出的直升机,其几何形状和尺寸是设计人员需要的,不仅能使直升机顺利地完成装配,而且能满足使用和维护的需要。怎样使图纸上直升机的几何形状和尺寸能正确无误地传递到最终的产品上,并且其零件、部件是互换协调的,这是制造工程的任务。

在直升机制造中,尺寸和形状的参数传递过程可以归纳为三种方式,即按图纸尺寸和公差传递、按模拟量传递、按数字量传递,见表1.1。

表 1.1　三种传递方式

类别	传递方式	适用范围
按图纸尺寸和公差传递	以产品图纸上注明的尺寸公差为依据,借助通用机床设备和测量工具测量其数值,获得需要的尺寸和形状	用于一般机械加工零件、起落架、液压附件和连接关系简单的成品件等
按模拟量传递	以1∶1尺寸的实物模拟量(如模线样板、标准样件和模型等)作为原始移形依据和移形工具,按相互联系的协调路线,将尺寸、形状传递到相关的工艺装备和结构件上	用于与外形有关且协调关系复杂的钣金零件,机械加工零件,装配部件、组件,以及分离处难以按尺寸控制的接合部位等
按数字量传递	以计算机辅助技术和数控技术为手段,以直升机数学模型为基础,以数学量传递方式获得工艺装备和结构件的尺寸、形状	用于数控绘制模线、加工样板及与外形有关的工艺装备和机械加工零件,特别适用于难以用常规方法加工且涉及曲面外形的工艺装备和整体机械加工件的制造

1.3.4　直升机数字量传递的工艺协调技术

直升机产品的组成构件具备了形状不一、数量多、彼此之间的协调体系烦琐及对协调性能要求较高的特点。我国直升机产品以往受到技术上的限制,只能通过手动方法实现协调制造,但计算机辅助技术在我国直升机行业的应用落实及数字化定义的普及,为我国直升机实现自主制造原理奠定基础,也使数字量传递代替模拟量传递调整的方法得以实现。数字量传递协调技术是指使用数字量传递方法制造工具和组件以确保直升机制造过程中的协调,即实现了从产品设计的具体信息到制造工艺,各组成构件的制造工艺均是直接通过数字化设备进行组装或制造的。对比以往的使用模具生产线来调整工具和零件的传统方法,该方法确保了其协调性。

工艺设计的数字化协调是指采用数字化装配工艺设计技术方法,通过产品数据的数字量传递提高工艺设计的正确性、可靠性、效率和质量。以往直升机制造的工艺设计主要包括模线样板设计、装配协调工艺设计、零件制造工艺设计、冶金工艺设计和工艺装备设计。采用数字化协调技术后,模线样板设计可以取消,并把工艺装备设计单独提出,把冶金工艺设计并入零件制造工艺设计,因此数字化装配工艺设计的主要内容可归结为以下几点。

(1)内定位装配方法。

传统的以外形为装配定位基准的方法需要依靠大量的外形定位卡板,装配工装结构和制造复杂、制造周期长、型架开敞性差、装配效率低、劳动强度大且协调性难保证。内定位装配方法则很好地克服了传统方法的不足,它采用产品结构件上自带的基准坐标定位孔或直接利用相关的结构基准进行装配定位,而这些定位基准是采用数字化方法进行设计和制造协调的,其制造准确度和协调准确度非常高。

(2)柔性装配工装技术。

柔性装配工装技术充分利用数字化制造协调技术,借助激光跟踪仪、光机电自动数字控制等先进技术改革传统的装配工装,提高装配工装的可重用性、可重构性、可变性、自动性和灵活性等,即柔性装配工装改变了传统装配工装"太专一"、刚度太强、缺乏柔性的特点与不足,同时提高了装配效率和质量。

(3)数据自动钻铆技术。

数控自动钻铆技术充分利用数字化制造协调技术和柔性装配工装技术,自动进行结构件的定位、调整、制孔、锪窝、铆接和铣平等工序操作,显著提高铆接装配效率和质量。

(4)无余量装配技术。

在进行装配方案设计时,无余量装配技术需要改变各处留存余量便于装配时进行调整修配的思想,充分考虑并利用产品的数字化设计及零件的数字化制造技术、零件的制造准确度和协调准确度高等有利条件,尽量采用数字化装配技术,提高装配定位的协调准确度;采用无余量装配技术,提高零件的制造质量及产品的装配质量和效率。

第 2 章

直升机部件装配制造技术

2.1 概　　述

2.1.1 直升机部件装配的内容

直升机部件装配根据图纸或模型、技术条件的要求,将大量的直升机零件(机械加工零件、钣金零件、复合材料零件等)按一定的组合和顺序逐步组装成组合件、板件、段件和部件,最后将各部件对接成直升机的机体。在部件装配时,需要明确零件或装配件之间的相互位置,用一定的方法进行连接。

直升机部件装配要解决的问题是:①根据构造、使用、维护和生产的需求,将直升机结构划分成许多独立的、较小的结构装配单元;再通过合理的装配过程,使用相应的装配工装,将其依次装配成复杂的装配件;规划合理的装配定位方法,使零件、装配件和段件的相互位置准确,保证整个装配单元的尺寸和外形的准确度要求;②选择合适的连接方法和工艺参数,如铆接、螺接、胶接或焊接等,使零件之间的相互位置准确、牢靠,形成稳定的整体结构或具有确定相对运动的机构,有效传递载荷进行运动转换。

2.1.2　直升机部件装配的特点

在一般机械制造过程中,零件大多是形状比较规则、刚性比较大的机械加工零件,在制造、装配中不易产生变形,通过按图纸保证尺寸和公差,产品的准确度主要取决于零件的制造准确度。而在直升机制造中,大多数零件是形状复杂、刚性小的钣金零件,在制造、装配中易产生变形。因此,在零件的制造过程中,必须用体现零件尺寸和形状的专用工艺装备(模具、夹具)来制造,以保证其尺寸和形状的制造准确度;在产品的装配过程中,必须用体现产品尺寸和形状的专用工艺装备(装配型架、夹具)进行装配,还需分解在不同工作场地、不同工艺装备上进行装配,以保证其尺寸和形状的准确度。具体来说,直升机不同于一般机械产品的特点如下。

(1)零件数量大、品种多。直升机的机体由大量的不同种类的零件组成,一架中型直升机所含的零件及技术参数达十万多个,数十万个铆钉、螺栓等连接件,数十只仪器仪表和上百米各种管道。

(2)选用材料品种多。现代直升机中绝大多数零件采用有色金属,其次是黑色金属、非金属,以及一些新型复合材料(高速、超高温、超低温状态)。

(3)结构外形复杂,精度要求高。直升机外形大多数为不规则的曲面,而且外形尺寸大、刚度小,在自重的影响下也会发生变形。

(4)结构不断改进,产品变化范围大。我国直升机制造经历了从仿制到自主研发的数十年发展,期间数款直升机产品不断更新换代,任何一处内部或外部零部件的变更都会对直升机装配造成影响。

2.1.3　直升机部件装配过程

直升机的制造过程主要包括毛坯制造、零件加工、装配安装和试验等部分,其中毛坯制造在锻压车间和铸造车间进行,零件加工在机加车间和钣金车间进行,装配安装在部装车间和总装集成车间进行,试验主要是在试飞站进行。

直升机制造中的一些概念由大到小定义如下。

(1)结构是指能承受和传递载荷的系统,即受力构件,满足一定的强度、刚度、寿命和可靠性等要求。

（2）部件结构是指在结构和工艺上完整的装配单元，如发动机短舱、起落架、动力装置等大结构。

（3）部件结构通过纵向或横向可分成几个大段，称为段件，如直升机机身可沿机身纵向分成前、中、后机身。

（4）板件由部件或段件的一部分蒙皮及内部纵向、横向骨架元件（如长桁或隔框的一部分）组成，有时还包括安装在其上的导管、电缆及设备，如机身的上下左右板件。

（5）段件或板件可进一步分为组合件，如梁、框等。

（6）零件是指不需要做装配的基本单位。

直升机部件装配流程如图 2.1 所示。

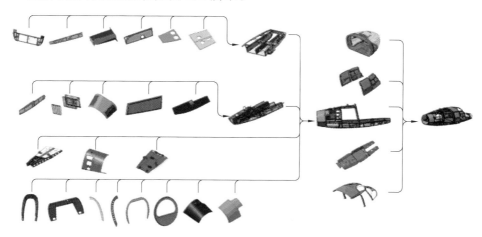

图 2.1　直升机部件装配流程

2.1.4　设计分离面与工艺分离面

1.设计分离面

分离面是指直升机由于设计和工艺的要求对结构进行分解，是两装配单元之间的对合面，直升机的分解是在分离面处分开。设计分离面是根据直升机结构的使用功能、维护修理和运输方便等方面的需要，将直升机在结构上划分成许多部件、段件和组件所形成的分离面。设计分离面的主要特点是采用可拆卸的连接（螺栓、铰链接合等）。

2. 工艺分离面

工艺分离面是指为了装配生产的需要,满足工艺过程的要求将直升机结构进一步划分形成的分离面。工艺分离面的主要特点包括:一般采用不可拆卸的连接(铆接、胶接和焊接等);装配成部件后,工艺分离面消失。工艺分离面合理划分有许多优点,如增加平行装配工作面,可缩短装配周期;减少复杂的部件或段件的装配型架数量;提高开敞性和装配质量。将直升机机身各段划分为板件和段件的优点在于:为提高装配工作的机械化和自动化程度创造条件,如可以使用自动压铆机完成钻孔、锪窝、送铆钉、铆接和铣平铆钉头等自动化操作;通过创造开敞性加工条件和机械替代手工,有利于提高连接质量;提高劳动条件,缩短装配周期。

3. 工艺分离面划分原则

决定工艺分离面划分的首要因素是直升机的结构设计,即直升机结构上是否存在相应的分离面,并且划分出的装配单元必须具有一定的强度、刚度,以及符合气动方面的设计规范。想要合理地划分工艺分离面,设计人员应综合考虑构造、使用和装配生产工艺,从批量生产的需求角度进行划分,并且应充分考虑工厂的加工能力,同时要求工艺人员进行详细的工艺性审查,并从技术和经济角度分析工艺分离面划分的结果。

工艺分离面的划分需要考虑两种装配原则。一种是分散装配原则,即一个部件的装配工作在较多的工作地点和工艺装备上进行。分散装配原则往往在批量生产阶段采用,其优点在于能够增加平行工作面,扩大工作面,结构开敞性好,提高劳动条件和劳动生产率,并且有利于机械化和自动化,缩短部件装配周期,提高装配质量。另一种是集中装配原则,即装配工作集中在较少的工作地点,使用少量工艺装备。集中装配原则往往在研制、试制阶段采用,其优点在于装配工艺装备较少,减少工艺装备的制造费用;协调关系较简单;生产准备周期较短。

2.2 直升机装配工艺过程设计

直升机不仅具有比较复杂的外形结构,而且零件品种繁多,数量非常庞大。

既有金属零件,又有非金属零件。直升机结构使用大量的薄壁钣金零件,这类零件尺寸大,刚度小,装配后的外形和尺寸准确度要求较高,因此直升机装配工作在全机生产过程中占有重要地位。据统计,装配工作量占全机生产工作量的 45% ~ 60%,装配工作的周期占全机生产周期的 50% ~ 75%,为此,装配过程必须科学合理。直升机制造和机械制造一样,试制新产品时,技术人员最繁重的任务是工艺过程和工艺装备的设计,需要大量技术人员的手工劳动。在直升机装配工作中,工艺过程的工序安排及采用的工艺装备、设备和工具的品种等有多种方案,为了提高设计质量和效率,借助计算机和系统工程、价值工程的方法,可使直升机装配工艺过程设计和生产工艺准备快速完成。直升机装配工艺设计包括选定装配和定位方法、保证准确度和互换性方法,拟定进入装配的零件技术条件,确定装配阶段、工序的组成及顺序,选定所需设备、工具和工艺装备,确定工人工种和技术等级,计算工序的定额时间、费用和材料用量,以及劳动量和工艺成本、装配周期等。

2.2.1　直升机装配工艺过程设计要求

为了缩短生产准备周期和加速新机型研制,对研制的不同阶段使用不同的装配工艺规程,因此装配工艺过程使用的文件分为临时的工艺规程和批量生产的工艺规程。临时的工艺规程主要用于新机试制的零件制造和装配,包括零件、装配件和部件在各车间的工艺路线,以及车间之间待装件供应的技术条件,主要的通用设备和工具及少量专用设备都按经验进行工作。批量生产的工艺规程则用于成批生产,配备高效率的设备和工艺装备,达到较高的技术经济指标,实现有节奏的直升机装配。

由于直升机装配内容复杂,因此采用多种工艺规程,按工艺系统中多种元素(如设备、工具、生产工艺装备和检验测量工艺装备、辅助材料等)进行设计,由直升机装配件的构造来设计装配工艺过程各阶段的内容。对于简单的装配单元,例如口盖可以直接设计装配工艺过程;对于较复杂的装配单元,例如部件、段件、复杂组合件和板件的装配工艺过程则分阶段设计,如确定定位方式和工艺装备的配置、确定装配顺序、编写装配工艺规程等。在设计装配工艺过程时应注意主要结构件,在选定主要结构件的定位和装配方式之后,再研究装配单元中的其余结构件。为适应工艺过程设计现代化的要求,优先采用自动化设计,只有在不适合使用计算机时才使用传统手工设计的方法。

2.2.2 直升机装配工艺过程设计中主要的工艺问题

1.定位方式

在装配过程中,每一个参加装配的元件相对于其他装配元件应具有确定的位置。为了满足这个要求,每个参加装配的元件要准确定位,以保证整个装配单元的尺寸和外形符合准确度要求。组合件装配单元装配时,其定位方式可由元件的装配定位基准的总和确定。段件、部件装配时,最佳定位方式需要涉及大量的计算工作,常常用装配工艺成本作为优化的准则,装配定位基准是选择最佳定位方式的原始依据。

2.装配工序的顺序

装配工艺的工序包括将装配单元的元件安装到所要求的相对位置上的工序、连接工序、同装配单元的特色功能相联系的其他工序(密封、精加工和平衡等)、检验工序。检验工序是一组特色工序,它既用来检验工件的质量,又用来检验主要工艺的工序和规范。装配元件的安装顺序是影响后续工序的主要因素,如铆接是在被铆零件安装之后进行的、装配质量的检验是在零件安装和连接之后进行的。

2.2.3 设计装配工艺过程和编写装配工艺规程

1.设计装配工艺过程

设计装配工艺过程应保证工艺过程与装配工艺装备的最优化和统一化,设计装配工艺过程的阶段如下。

(1)第一阶段。

①选择装配单元各元件的定位方式和装配方式;

②选择装配工艺装备的结构;

③选择保证准确度、互换性和工艺装备协调的方法;

④拟定各装配阶段的零件和装配单元的供应技术条件;

⑤拟定装配工艺装备的设计技术条件。

（2）第二阶段。

①选择装配单元各元件的定位顺序，并考虑其定位条件和通路；

②选择装配单元各元件的连接、密封工序的顺序，并考虑各元件的定位顺序；

③确定装配工序的最佳顺序。

（3）第三阶段。

①确定装配工艺装备、工具、设备和辅助材料；

②确定工人工种和技术等级；

③制订技术规范和计算装配工序的工时定额；

④计算技术经济指标，并选择最佳工艺过程方案。

2. 编写装配工艺规程

准确、清晰地编写装配工艺规程在生产中具有重要意义和作用，有助于保证装配质量，提高生产效率，降低成本。在编写装配工艺规程时，通常需要考虑和体现以下内容。

（1）产品特性分析。详细说明产品的结构特点、功能要求等，以及这些特性如何影响装配工艺的制定。

（2）零部件分析。论述零部件的形状、尺寸、公差等对装配的影响，包括装配要求、装配顺序等对装配的影响。

（3）装配顺序规划。详细描述如何根据产品结构和零部件关系，确定合理的装配顺序。

（4）工装夹具选择。说明如何根据装配需求选择合适的工装夹具，以及工装夹具对装配的辅助作用。

（5）质量控制措施。为保证装配质量而设定的检验环节、标准和方法，以及如何在规程中体现这些控制措施。

（6）工艺参数确定。如装配压力、紧固力矩等参数的确定。

（7）操作规范制定。强调工人操作的具体要求和注意事项，包括安全规范等。

（8）与其他工艺的衔接。分析装配工艺与上下游相关工艺的协调和衔接。

2.2.4　系统工程在装配工艺设计中的应用

系统工程是复杂系统在组织管理方面的现代科学方法,是为了合理地开发、设计和运用系统而采用的思想、程序、组织和方法的总称。美国科学技术词典中对系统工程的定义为"系统工程是研究由许多密切联系的元素组成的复杂系统的设计科学。设计该复杂系统时,应有明确的预定功能及目标,并使得各个组成元素间及元素与系统整体之间有机联系,配合协调,使系统整体达到最优目标,但在设计时,需要考虑参与系统中的人的因素与作用"。我国著名科学家钱学森认为"系统工程是组织管理这类系统的规划、研究、设计、制造、试验和使用的科学方法,是一种对所有系统都具有普遍意义的科学方法"。总之,它采用系统思想方法,借助自然科学、社会科学的理论与方法,以及工程分析和设计的方法,研究系统的建立和管理,使局部与整体之间的关系、系统与外界环境的关系互相协调配合,实现系统目标综合最优化。对直升机部件装配来说,系统工程是用来建立系统、合理调配劳动力和组织零件供应、缩短装配周期、降低成本的技术组织管理方法。

1. 系统工程方法的逻辑步骤

(1)明确问题。通过调研尽量全面地收集相关资料说明问题,问题明确后,才能找出正确的目标。总目标有一个,分目标、子目标可以有多个,把这些目标按照从属关系建立目标树。

(2)设计指标体系。为了实现目标必须做一系列工作,对这些工作应有评价标准,用来考核目标完成的程度或水平,这些标准称为指标。指标与目标是对应的,多目标、多指标相互联系成为一个体系,称为指标体系。

(3)系统方案综合。收集一切可供选择的方案。

(4)系统方案分析。推断各个可供选择的方案效果。

(5)优化每一个系统方案,重复步骤(1)~(4),并建立模型。

(6)选择最优方案。以指标体系为方案评价标准,选择最优方案。

(7)实施选定的方案,包括分配资源、安排进度和设计反馈控制系统。如果在实施过程中达到预期效果,那么整个步骤结束;如果未达到预期效果,则需要回到前面几个步骤中的任意一个,重新做起。

2. 系统分析的步骤

系统分析是用科学的分析方法和工具,对若干个可供选择的系统方案进行有步骤的探索和分析。系统分析的目的是为决策人提供选择最优系统方案的信息资料,其步骤如下。

(1)问题构成。问题由决策人、目标、环境和条件、可供选择的方案等构成。

(2)收集、分析资料。通过收集和分析资料,了解与问题有关的各种因素及其相互制约关系,以便寻求解决问题的方案。

(3)建立模型。模型是实体某一特定范围内的抽象,它反映实体某一特定范围的特征和变化规律。模型的结构反映主要元素之间的关系。想要建立系统的模型,需要研究系统包含的主要元素及元素之间的关系和运动变化的规律。建立起来的模型要经过检验,证实它是否反映实体。有了模型,就可以对系统进行试验、分析、计算、预测,验证各系统方案的效果。

(4)系统最优化。系统最优化是通过模型,运用最优化理论和方法对各方案进行最优化。

(5)系统评价。全面权衡系统最优化后所得到的各种方案,综合考虑环境条件、约束条件、不能用数量表示的诸多因素及所冒风险的大小等。

2.3　直升机部件装配准确度

2.3.1　直升机部件装配准确度要求

直升机部件装配准确度的概念是指装配后直升机机体及部件的几何形状、尺寸等实际数值与设计规定的理论数值的误差。不同类型的直升机及其部位装配准确度的要求不同,主要包括部件气动外形准确度、部件内部组合件和零件的位置准确度,以及部件间相对位置的准确度,其中部件气动外形准确度及部件内部组合件和零件的位置准确度会影响直升机的空气动力性能,而部件气动外形准确度、部件内部组合件和零件的位置准确度,以及部件间相对位置的准确度会影响直升机的操纵性能。

1. 部件气动外形准确度

部件气动外形准确度要求部件表面的实际外形与理论外形的误差应小于规定的公差值。部件气动外形准确度主要体现在外形误差、外形波纹度和表面平滑度。

（1）外形误差是指直升机装配后的实际外形偏离设计的理论外形的程度,其准确度要求主要取决于直升机类型、速度、各部件的功能和结构特点等因素。外形误差的检验方法包括在装配型架内,按卡板型面用塞尺检查（只检查负偏差）、按等距检验卡板或等距检验样板检查、按带有等距卡板的专用检验型架检查,以及在架外用等距切面检验样板检查等。

（2）外形波纹度是指在一定范围内的波高误差,即在一定范围内允许的波峰与波谷的高度差。外形波纹度的检验方法包括用曲线条或明胶条直接测量波深、用直尺直接测量波深,如图 2.2 所示。

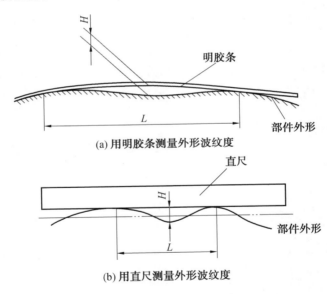

(a) 用明胶条测量外形波纹度

(b) 用直尺测量外形波纹度

图 2.2　直升机部件外形波纹度检查方法

（3）表面平滑度是指对直升机外形表面上的铆钉头、螺钉头及蒙皮对缝间隙、阶差等局部凸凹不平程度的要求。

2. 部件内部组合件和零件的位置准确度

部件内部组合件和零件的位置准确度是指相对基准轴线的位置要求,例如隔框轴线、长桁轴线等实际装配位置相对理论轴线的位置偏差,其准确度影响部件外形和结构强度,并且对装配协调有直接影响。一般规定隔框轴线位置误差在 1 mm 左右;长桁轴线位置误差在 2 mm 以内。

3. 部件间相对位置的准确度

部件间相对位置的准确度是指对直升机各部件之间相对位置的几何参数要求。对于直升机而言,部件间相对位置的准确度主要包括机身各段间相对位置的准确度和部件之间对接接合的准确度。其中,机身各段间相对位置的准确度主要是指直升机前机身、中机身和后机身的同轴度,同轴度一般不作为检查内容,只保证机身各段对接处的阶差。直升机部件之间常用的对接形式包括叉耳式接头、围框式(凸缘式)接头和铰链式接头等。部件之间对接接合的准确度需要保证相对位置的准确度,例如角度、阶差、剪刀差、间隙等,同时也要保证孔轴配合、尺寸配合等对接结合的准确度。

2.3.2　制造准确度和协调准确度

协调的概念是指该工件与相配合的工件之间或与制造该工件的一系列专用工艺装备之间同名尺寸和形状的一致性。

互换的概念是指一部件或组件能代替同一图号(名称)的另一部件或组件,并能满足所有物理、功能、结构要求。安装时,仅需要用连接件(螺栓、螺钉、垫圈和销等)连接,不需要切削、钻孔、铰孔、加垫、敲修等,只需要一般机械维修工具。

替换的概念是指一部件或组件能代替同一图号(名称)的另一部件或组件,并能满足所有物理、功能、结构要求。安装时,需要补充加工和应用连接件,这些补充加工包括加垫、钻孔、铰孔、切割、挫修、敲修和铆接,需要一般机械维修工具,不需要特殊设备,如焊接、热处理等设备。

互换代表同一结构件之间尺寸、形状的一致性,以制造准确度体现。协调代表两种或两种以上相邻结构件在配合部位尺寸、形状的一致性,以协调准确度体现。协调是保证互换的必要条件。只有在解决结构件之间的协调问题后,再去全面深入地解决互换问题,而达到协调的结构件并非都具有互换性,达到互换的结构件必然具有协调性。

我国的直升机工业已历经 40 多年发展,走过了从仿制到自行研制的艰难历程。20 世纪 90 年代以来,自行研制的多种新型直升机已投入使用,极大地推动了我国直升机技术的发展。特别是近 10 年,数字技术的发展直接推动了直升机工业化生产,直升机工业化生产的一项重要内容是互换性控制。直升机制造工艺的特点之一是发展了比较复杂且完善的互换协调技术,见表 2.1。结构单元的互换按性质可以分为两种,一种是使用互换,另一种是生产互换,或称为装配互换。在直升机制造中,当直升机的零件、组合件、段件或部件具有生产互换和使用互换时,不但可以减少装配和对接时的修配工作量,节省大量工时,缩短生产周期,降低生产成本,有利于组织有节奏的批量生产,而且当直升机的某个零件、组合件、段件或部件在使用中被损坏后,能用备件迅速更换,不会由于局部的损坏影响直升机的正常使用,从而延长直升机的使用寿命,保证直升机的使用性能。因此,保证直升机零件、组合件、段件或部件生产和使用的互换性,对直升机的制造和使用有重要意义。航空工业哈尔滨飞机工业集团有限责任公司通过"海豚"生产专利引进、EC120 直升机联合设计制造、EC175/Z15 联合设计制造,在工业化理念方面已与欧洲直升机公司接轨。生产线设计、规划由 H425 的全盘仿制,到 EC120 的初步认识,年产百架机身,再到 EC175/Z15 的主动规划,研制阶段进行工业化规划,对互换协调的认识逐渐加深。

表 2.1 直升机制造中互换性及保证协调的方法

序号	分类	标准工装方法	特点	应用情况
1	气动外形互换	采用表面标准样件保证气动外形的互换	(1)外形全靠表面标准样件移形制造; (2)零件外形准确度低; (3)工装制造周期长,不利于生产组织	表面标准样件占少数;三维数学模型占多数
2	对接分离面互换	采用结构标准样件保证部件间的互换	(1)标准样件保证工装间的协调; (2)工装制造周期长,不利于生产组织; (3)有效缩短工装复验返修周期	普遍采用模线样板—局部标准样件法

续表 2.1

序号	分类	标准工装方法	特点	应用情况
3	独立制造保证互换	公差配合制度制造法	(1)平行制造,作业面宽; (2)有利于组织生产; (3)协调准确度低于制造准确度	普遍用于机械加工零件及新型号和改型的复合材料零件
4	联系制造保证互换	模线样板—标准样件法模线样板—局部样件法	(1)按照先后顺序制造; (2)不利于工装生产组织; (3)可得到较高的协调准确度	普遍应用于老型号及改型的钣金和复合材料零件
5	补偿制造保证互换	修配制造法	(1)可有效减少工装品种; (2)可得到最高的协调准确度	在研制阶段应用较多,在批量生产阶段应用较少

　　H425 型机以基本型为平台进行的改型设计,其改型部分采用的是数字量传递的协调方法,如图 2.3 所示。改型部分建立了产品的数学模型,在产品数学模型的基础上建立了工装的数学模型。成型工装的型面采用数控加工,装配工装的主要零件也采用数控加工,装配工装按激光跟踪仪进行装配。数字量传递的优点在于直接进行数字量尺寸和形状的传递,减少了环节误差积累,制造准确度和协调准确度高;扩大了平行作业面,减少了劳动强度,显著缩短了生产周期;减少了大量标准工艺装备、移形工艺装备和零件工艺装备。

　　工业化生产中最重要的互换性控制分为机身结构、操纵、整流罩、舱门和系统成品等。EC120 直升机整流罩协调为典型的模线样板协调法,充分使用样件与反样件,通过过渡模、成型模和切钻工装保证整流罩的互换要求。EC175/Z15 直升机完全舍弃了标准样件协调法,使用数学模型作为制造依据,在研制阶段就考虑了互换性及互换的连续性,所有整流罩的交点由工装进行控制,上部整流罩制造了配套台,用配套台和整流罩安装能力保证互换性,下部整流罩分别制造了组合钻孔工装和切钻工装用来保证互换性。

图 2.3　直升机数字量传递的协调方法

2.3.3　提高装配准确度的补偿方法

补偿方法是指零件、组合件、段件或部件的某些尺寸在装配时可进行加工或调整,可以部分抵消零件制造和装配的误差,最后达到技术条件规定的准确度要求。常用的补偿方法包括设计补偿和工艺补偿,本节对此进行介绍。

1. 设计补偿

设计补偿是指在装配时利用设计给定的结构补偿件改变工件某些尺寸,以保证协调,包括间隙补偿、加垫补偿、可调补偿和搭接补偿等方法。

(1)间隙补偿是指在对合面处设计留有一定的间隙配合,以补偿协调误差。

(2)加垫补偿是指在对合面处设计允许加垫片,以消除装配时积累的间隙误差。其特点在于削弱了结构强度、增加了结构质量;一般需要限制垫片的厚度和数量;多用于部件骨架与蒙皮之间,以保证部件气动外形要求;增加了装配工作量;具有互换性。

(3)可调补偿是指在结构上使两零件或构件的相对位置可以调节,以补偿协调误差。其特点在于减少了装配工作量;工件结构复杂,质量稍有增加;具有互换性。

(4)搭接补偿是指利用补偿角片,通过搭接长度的变化改变装配件的相关尺寸,从而保证准确度要求。其特点在于削弱了结构强度、增加了结构质量;一般用于部件骨架与蒙皮之间,以保证部件气动外形要求;增加了装配工作量;具有互换性。

2. 工艺补偿

工艺补偿是指在装配时通过工艺制定对留有余量的工件进行补充加工,改变某些尺寸以保证协调,包括修配、装配后精加工等方法。

（1）对于两个相配合工件的修配多采用手工操作,由于反复试装和修合,因此工作量大,并且相互修配后不具有互换性,因此在批量生产中应尽量少用修配补偿。

（2）装配后精加工是对单个装配后的工件单独进行补偿加工,需使用专用设备,根据样板、钻模或靠模进一步加工,增加了制造成本和装配周期,精加工后仍具有互换性。

2.4　直升机部件装配基准与定位

2.4.1　直升机部件装配基准

1. 设计基准与工艺基准

设计基准是指产品设计需要建立的基准,例如直升机水平基准线、对称轴线、弦线、梁轴线、长桁轴线、框轴线和肋轴线等。设计基准的特点是设计基准一般不存在于结构表面上的点、线、面,在生产上往往无法直接利用。

工艺基准是指装配过程中需要建立的基准,按功能可以分为定位基准、装配基准和测量基准。其中,定位基准是用于确定结构件在设备或工艺装备上的相对位置,装配基准用于确定结构件间相对位置的点、线、面,测量基准用于测量结构件间装配位置尺寸的起始位置。

2. 以骨架为基准的装配

以骨架为基准的装配过程包括如下步骤:首先装配成骨架,然后在骨架上铺放蒙皮,通过施加外力使蒙皮与骨架贴合,采用铆接、螺接等连接方式将蒙皮与骨架连接,形成符合设计规定的外形结构。以骨架为基准的装配过程中,装配误差会由内向外积累。导致外形误差的因素包括骨架零件制造的外形误差、骨架的装配误差、蒙皮的厚度误差和装配后产生的变形等。以骨架为基准的装配过程取得的部件气动外形准确度,主要取决于骨架外形准确度,包括零件制造和骨架装配的准确度,误差积累的结果会反映到部件的蒙皮外形上,因此采用以骨架为基准的装配过程取得的部件气动外形准确度较低。为了提高以骨架为基准的装配过程的外形准确度,通常采用加垫补偿和梁架精加工补偿等方法。此外,现代直升机大量采用厚蒙皮或整体壁板结构提高结构件的加工准确度。

3. 以蒙皮外形为基准的装配

以蒙皮外形为基准的装配过程包括如下步骤:首先装配成上下壁板带蒙皮的骨架,然后施加外力使上下蒙皮紧贴卡板,通过设计补偿对上下壁板骨架进行连接,最后形成符合设计规定的外形结构。以蒙皮外形为基准的装配过程中,装配误差会由外向内积累。导致外形误差的因素包括装配型架卡板的外形误差、蒙皮和卡板外形之间由于贴合不紧而产生的误差,以及装配后产生的变形等。以蒙皮外形为基准的装配过程取得的部件气动外形准确度,主要取决于型架制造准确度和装配连接的变形。以蒙皮外形为基准的装配过程消除了蒙皮厚度误差,减少了骨架零件制造和骨架装配误差对部件外形的影响,所积累的误差在骨架内部连接时用补偿方法消除,因此采用以蒙皮外形为基准的装配过程取得的部件气动外形准确度较高。

4. 以工艺孔为基准的装配

以骨架为基准的装配和以蒙皮外形为基准的装配都需要定制结构复杂的专用装配型架。为了简化型架,可以采用以工艺孔为基准的装配方法,其装配过程包括如下步骤:首先将蒙皮与部分骨架零件装成蒙皮板件,而部件骨架按定位孔在型架中定位装配,然后蒙皮板件按装配孔在部件骨架中定位并连接,或者用钢带压板件与骨架贴合后再连接,最后形成部件外形,这样可使部件装配型架的结构显著简化。以工艺孔为基准的装配过程取得的部件气动外形准确度,主要取决于工艺孔位置及其孔、销配合精度。由于基准转换及工艺孔和定位件协调制造的环节多,误差积累较大,还受蒙皮板件的刚度及其外形准确度的影响,因此,以工艺孔为基准的装配方法多适用于外形准确度较低的部件。

2.4.2　直升机部件装配定位

装配定位的要求包括保证定位符合图纸和技术条件规定的准确度要求、定位和固定操作简单可靠、定位用的工装简单、制造费用低。常用的装配定位方法有按工件(基准件)定位、按划线定位、接触照相法定位、按装配孔定位和按装配夹具(型架)定位。

(1)按工件(基准件)定位是指按基准工件或先装工件的点、线、面定位后装工件,例如以骨架为基准的装配。其主要适用于刚性较好且对定位准确度要求不高的工件。

(2)按划线定位是指根据直升机图纸用通用量具划线定位。其主要适用于刚性较好且对定位准确度要求不高的工件,通用性好,但生产效率低,定位精度在很大程度上取决于工人技术水平。

(3)接触照相法定位是指在腹板等平面上,等比例地晒出安装在明胶模线图板上的零件的形状和位置线,按这些零件本身的位置线进行定位。接触照相法定位主要适用于平板件等与外形无关的零件定位,其特点在于定位准确度比用划线定位高,省略划线工序和工装定位,但需要专用接触照相设备。

(4)按装配孔定位是指用预先在零件上制出的装配孔进行定位,如图 2.4 所示。其特点在于定位准确度取决于装配孔的协调制造方法,协调环节越多,误差积累越大;不需要使用专用夹具。按装配孔定位往往使用于内部骨架的零件、组件装配,以及平板件等曲度变化不大的外形板件的定位。

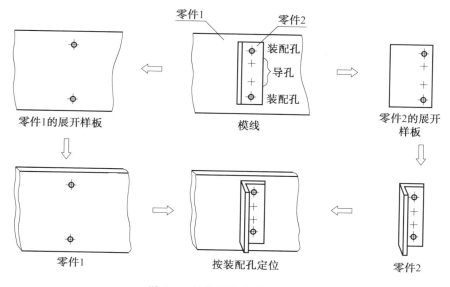

图 2.4　按装配孔定位示意图

(5)按装配夹具(型架)定位是直升机装配中使用最广泛的基本定位方法,利用装配夹具限制工件在空间中的六个自由度,可以保证零件、组件在空间的相对准确位置,检查或校正零件、组件的不协调部位,以及起到限制装配变形的作用,如图 2.5 所示。其特点在于定位准确度高,保证互换部件的协调,但由于需要定制专用装配夹具,因此生产准备周期长,适合批量生产使用。

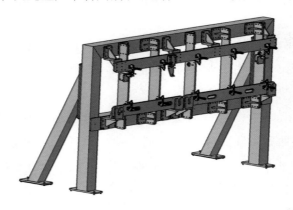

图 2.5　按装配夹具(型架)定位示意图

2.5　直升机部件装配连接技术

在直升机部件装配中采用的连接方法以机械为主,大量采用铆接连接,部分使用螺栓连接,复合材料胶接的应用占比逐渐增大,新型铆钉、螺钉等连接紧固件的先进连接技术在新研或改型机中得到比较广泛的应用。直升机制造中铆接装配工作的工作量在产品制造总工作量中占比很大,约占全机总工作量的 30%。由于零件和连接件的数量大,铆接装配的机械化程度较低,手工劳动量占比高,劳动生产率低。铆接的典型工艺流程包括零件的定位与夹紧、确定孔位、制孔、制窝、去毛刺和清除切屑、放铆钉、施铆、涂漆。

2.5.1　钻孔及锪窝

1. 对铆钉孔的要求

普通铆接的钉孔直径一般比铆钉杆直径大 0.1~0.3 mm,这样既便于放铆钉,铆接后又能使铆钉杆较好地填满铆钉孔。直升机制造中铆钉孔尺寸公差见表 2.2,铆钉孔的质量直接影响铆接质量。除孔径的公差要求外,孔的椭圆度、垂直度、孔边毛刺和孔壁光洁度都有相应的要求。一般铆钉孔不需要铰孔,但直径大于 6 mm、夹层厚度大于 15 mm 的铆钉孔则需要铰孔。对于直径为 5 mm 的铆钉孔,虽然不用铰孔,但为了保证质量,常常先钻初孔,然后扩孔。影响铆钉孔质量的因素主要有工件材料、钻头转速、进刀量、刀具的锋利程度等。

表 2.2　直升机制造中铆钉孔尺寸公差　　　　　　　　　　mm

铆钉直径		2.0	2.5	3.0	3.5	4.0	5.0	6.0
铆钉孔	公称尺寸	2.1	2.6	3.1	3.6	4.1	5.2	6.2
	公差	0～0.12		0～0.16				0～0.2

2. 确定铆钉孔的位置

铆钉孔的位置一般是指边距、排距(或称行距)和孔距,这些在图纸上均有规定,允许公差一般为±1 mm。确定铆钉孔位置的方法有以下几种。

(1)按划线钻孔。这种方法虽然准确度低、效率低,但操作简易可行,适用于新机试制。

(2)按导孔钻孔,即在相连接的一个零件上,按铆钉位置预先制出较小的孔。导孔通常制在孔的边距较小、材料较硬或较厚的零件上,在零件制造阶段就制出,装配定位后,铆钉孔按导孔钻出。这种方法的工作效率高,常用于批量生产。

(3)按钻模钻孔。为了保证孔的位置准确,使带孔的零件或组合件能够互换,而采用按钻模钻孔的方法。按钻模钻孔不仅能保证孔的位置准确,而且钻模上的导套有导向作用,还能保证孔的垂直度。

3. 锪窝

铆接埋头铆钉时,钻孔后要进行锪窝。埋头窝的深度应严加控制,为了保证连接强度,埋头窝的深度只能取负公差,铆接后只允许铆接头高出蒙皮表面,公差为 0.1 mm。如果埋头过深,蒙皮受力后会使铆钉松动,降低连接强度。此外,埋头窝的轴线应垂直于工件表面,以保证铆接后的表面平整。制埋头窝一般用锪窝,但当蒙皮厚度小于 0.8 mm 时,应采用冲窝。锪窝有专用的锪窝钻,采用手工操作时,为了保证埋头窝深度公差,应采用能限制窝深的锪窝钻套。

4. 制孔工具设备

(1)风钻。

风钻的优点是质量轻,尺寸小,通过手动控制进气阀门调节进气量,从而调节转速,超载时会自行停转。

(2)自动钻铆装置。

现代直升机上的铆钉孔和螺栓孔数量多,直径大。为了提高钻孔的质量和效率,应研发自动钻铆装置,进一步提高钻孔铆窝的机械化和自动化水平。

2.5.2 铆接

1. 铆接种类

(1)普通铆钉铆接。

普通铆钉铆接常用在没有特殊要求的结构部位,其采用半圆头铆钉、平锥头铆钉、沉头铆钉、120°沉头铆钉、大扁圆头铆钉形成标准墩头或 90°、120°沉墩头的铆钉连接形式。普通铆钉铆接包括凸头铆钉铆接、沉头铆钉铆接和双面沉头铆钉铆接。普通铆钉铆接的特点是工艺过程比较简单、方法成熟、连接强度稳定可靠、应用范围广,但铆接件的变形较大。普通铆钉铆接广泛应用于机体各种组合件和部件,其中半圆头铆钉、平锥头铆钉用于机体内部结构及气动力要求低的外蒙皮,沉头铆钉主要用于气动外形要求高的外蒙皮,大扁圆头铆钉用于气动外形要求较低的蒙皮及油箱舱等部位。

(2)密封铆接。

密封铆接常用在要求防漏气、防漏油、防漏水和防腐的结构部位,它是通过采用不同的密封方法来防止气体或液体从铆接件内部泄漏的铆钉连接形式。密封铆接包括在铆缝贴合面处附加密封剂的铆接、在铆钉处附加密封剂或密封元件的铆接、干涉配合铆接。密封铆接的特点在于消除结构缝隙,堵塞泄漏途径,但密封铆接的工艺过程比较繁杂,密封材料的敷设要在一定的施工温度、湿度等环境下进行。密封铆接主要用于有密封要求的部位和结构,如整体油箱、气密座舱等。

(3)特种铆接。

特种铆接用在主要受力、不开敞或封闭等结构部位,是通过采用不同于普通铆钉形状和铆接方法的环槽铆钉、高抗剪铆钉、螺纹空心铆钉和抽芯铆钉等的铆钉连接形式。特种铆接的特点在于铆接效率高、操作简单,能适应结构的特殊要求,同时铆钉结构比较繁杂,制造成本高,应用范围较窄,铆接故障不易排除。特种铆接主要用于有特殊要求的结构部位,还可用于修理和排除故障。

(4)干涉配合铆接。

干涉配合铆接是指铆接前在钉与孔配合间隙的条件下,铆接时适当控制钉杆的墩粗,使孔壁受挤压而胀大,铆接后形成比较均匀的干涉量。干涉配合铆接包括普通铆钉干涉配合铆接、无头铆钉干涉配合铆接和冠头铆钉干涉配合铆接。干涉配合铆接的特点在于疲劳寿命高,对铆钉起密封作用,从根本上提高铆接质量,但对铆钉孔精度要求高,铆接前钉与孔的配合间隙要求严格。干涉配合铆接主要应用于抗疲劳性能要求高或者有密封要求的组合件、部件。

(5)双面铆接。

双面铆接是指从两面接近工件完成铆接,主要包括普通铆接、密封铆接及特种铆接中的环槽铆钉铆接和墩铆型高抗剪铆钉铆接。

(6)单面铆接。

单面铆接是指仅从单面接近工件完成铆接,主要包括螺纹抽芯钉高抗剪铆钉铆接、螺纹空心铆钉铆接。

2. 铆接方法

(1)手铆法。

手铆法是用顶把顶住铆钉头、冲头顶住铆钉杆,借助于手锤的敲击力形成墩头的方法。手铆法的特点在于工具简单、操作方便,但效率较低。手铆法常应用于小组合件、托板螺母和双面沉头铆接。

(2)压铆法。

压铆法是借助于压铆设备的静压力,通过上、下铆模挤压铆钉杆而形成墩头的方法。压铆法的特点在于钉杆能较均匀地墩粗而填满铆钉孔,质量稳定、表面质量好、效率高、工作条件好,但应用范围受结构限制。由于手提式压铆机和压铆模的不断改进,其应用范围不断扩大。压铆法主要用于开敞性好的组合件(如肋、框、梁和壁板等)的平锥头铆钉铆接、沉头铆接。

（3）锤铆法。

锤铆法是借助于铆枪的锤击力和顶把的顶撞作用而形成墩头的方法。锤铆法的特点是适用于各种铆接结构，甚至是不开敞的、较复杂的结构，铆接时装配件可处于各种位置和状态。与压铆法相比，锤铆法质量稳定性差、效率低、噪声大。锤铆法的应用范围包括普通铆钉铆接、墩铆型环槽铆钉铆接、墩铆型高抗剪铆钉铆接。

（4）反铆法。

反铆法是锤铆法的一种，将铆枪的锤击力作用在铆钉头上，用顶把顶住铆钉杆而形成墩头。反铆法的特点在于应用范围广、顶把轻，能够使零件间贴紧，但铆接变形大，严重时铆钉头周围会出现局部下陷。反铆法主要适用于结构不开敞部位、涂敷密封剂的密封铆接等。

（5）正铆法。

正铆法也是锤铆法的一种，用顶把顶住铆钉头，铆枪的锤击力直接作用在铆钉杆上而形成墩头。与反铆法相比，正铆法的特点是铆接变形小，蒙皮表面质量好，但工人工作强度大、效率低，应用范围受结构限制。正铆法常用于蒙皮表面质量要求高的沉头铆接和普通铆钉干涉配合铆接。

（6）拉铆法。

拉铆法是用拉枪或旋转工具产生轴向拉力使拉铆型铆钉形成墩头的方法。拉铆法的特点包括操作简单、效率高，但铆接质量不够稳定。拉铆法主要用于抽芯铆钉铆接。

（7）自动钻铆法。

自动钻铆法是在钻铆机上逐个地自动完成确定孔位、制孔、锪窝、放钉和施铆等过程的铆接方法。自动钻铆法的特点在于铆接质量高、效率高，能够提高工作条件，但自动钻铆设备复杂、价格昂贵。自动钻铆法适用于无头铆钉干涉配合铆接、墩铆型环槽铆钉铆接和抽芯铆钉铆接，也可用于普通铆钉铆接。

自动钻铆机采用压铆，压铆力全部作用在铆钉上，铆钉周围不会产生凹陷，可以保证蒙皮表面波纹度。自动钻铆机铆接时能产生很高的压紧力，可以消除两个被连接件之间的间隙，提高直升机外形的制造准确度。沉头铆钉铆接时，钻孔、锪窝、铆接靠自动钻铆机完成，并能准确控制铆钉孔与部件外表面的法向关系,可以保证铆钉孔的垂直度、锪窝的深度,还可以自动铣平铆钉钉头,沉头铆钉相对气动外形的凸出量可以控制在 0.05 mm 以内。自动钻铆机钻头的转速高,制出的孔具有很高的光洁度,采用平稳的压铆力铆接可以使钉杆与钉孔间形成均匀的干涉量,铆接质量稳定可靠,因此可以大大提高结构的抗疲劳性能。自动钻铆机可以实现自动涂胶,涂胶均匀,可以克服人工涂胶质量和数量难以控制的缺点,采用干涉配合铆接可以大量减少缝内和缝外胶,与密封胶共用可以有效提高整体油箱的密封性能和控制机体的质量。

2.5.3　密封

1. 自密封铆钉密封

镦埋头铆钉、全冠头铆钉、半冠头铆钉和 BRILES 铆钉在铆接后具有自密封的功能,如图 2.6 所示。镦埋头铆钉在密封性能上与无头铆钉相似,但无头铆钉一般是在自动铆接机上铆接,而镦埋头铆钉可以用铆枪锤铆。镦埋头铆钉铆接后,在埋头部分铆钉和孔紧密配合,取得良好的密封性。全冠头铆钉常用于气密或油密部位,并可在无头铆钉铆接时排除故障应用。半冠头铆钉用于气密座舱。BRILES 铆钉是在冠头铆钉的基础上发展而来的,埋头的锥度较小,其凸出部分经过倒角,高度较小,顶部是平面,便于手铆。

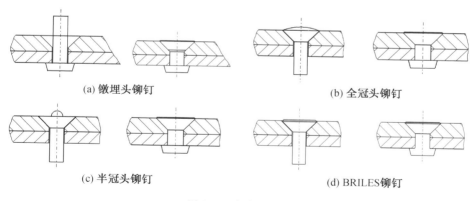

(a) 镦埋头铆钉　　　　　　　　　　(b) 全冠头铆钉

(c) 半冠头铆钉　　　　　　　　　　(d) BRILES铆钉

图 2.6　自密封铆钉

与普通铆钉相比,全冠头铆钉、半冠头铆钉和 BRILES 铆钉结构具有以下特点。

(1)钉杆端面带圆角,而普通铆钉则无。

（2）铆钉头上表面带圆弧凸面或锥体平面。

这两点的共同作用是在铆接时减少铆钉与铆卡和顶把的接触面积，使作用力集中在钉杆的中心线附近，有利于钉杆的镦粗，起到自密封的作用。

2. 缝内密封

缝内密封一般是用聚硫橡胶。缝内密封既能消除铆钉孔的泄漏，又能消除零件间的泄漏，因此是一种可靠的密封方式。零件在刷胶前要进行预装配，再分解去毛刺，用汽油、丙酮清洗，经过刷胶须重新对准孔，然后铆接或螺接，工序烦琐，工作量比普通铆接多 3 倍。密封胶有一定的活性期，一般是 2～4 h，超过这个时间胶就失去黏性，影响密封性能，因此刷胶后必须在规定时间内铆完。缝内也可以用胶膜密封，胶膜是半固态，不粘手，它的密封性能与密封胶相似，突出的优点是干净，提高了工作条件。

3. 缝外密封和注射密封

铆接后，在铆缝外涂密封胶，称为缝外密封。多数的情况是与缝内密封同时采用，确保结构的密封性。涂胶时先洗净接缝处，之后刷第一遍稀胶，使胶液渗透到夹缝中，然后在接缝及铆钉上刷第二遍稠胶，最后用刮铲刮掉气泡。稠胶可用风动密封枪，密封枪的筒体不直接与密封胶接触。密封胶装在塑料内壳中，冷冻保存，随用随取，枪筒无须清洗，比较方便。

结构接头处缝隙较大，通常采用的刷胶办法是不能堵塞泄漏的，因此采用注射密封。把缝隙吹干净，再在孔的四壁涂上底胶，然后用注胶器将胶注满空隙，最后将洞口的余胶清除干净。

4. 直升机密封操作

直升机装配密封大多采用固化型密封剂，即一种可以用不同的方法（如刷子、挤出枪、刮刀或喷枪）施加到一个表面上的密封剂化合物。这类密封剂通常由两种组分组成，一种是像橡胶一样的基料，另一种是硫化剂或催化剂（固化剂）。基料和硫化剂混合在一起时，将使混合物由软性的半流体状糊状物变为有弹性的、无黏性的橡胶一样的状态。

目前，直升机装配密封混胶、施工大多采用手工工艺，操作流程如下。

（1）将密封剂的基膏按 50 g/次、100 g/次、200 g/次、500 g/次等需求计量称重,使用有机玻璃刮板将基膏放在不同大小的烧杯中。

(2)按照配比在烧杯中加入硫化剂。

(3)使用有机玻璃板手工混胶至均匀。

(4)将空白卡式胶筒称重。

(5)将混合好的密封剂手工刮入卡式胶筒。

(6)将卡式胶筒盖上活塞。

(7)给卡式胶筒贴上标识。

(8)在直升机缝内刷涂和缝外注射密封剂。

(9)使用肥皂水手工修整缝外密封剂外形。

2.5.4　螺栓连接

在直升机装配中,重要承力结构主要采用螺栓连接。在直升机的螺栓连接件中,除应用标准螺栓外,还使用高锁螺栓、锥形螺栓、干涉配合螺栓和钢丝螺套连接。为了提高接头的疲劳强度,研发了冷挤压、压印和喷丸等强化技术。为减轻结构质量,采用超高强度合金钢和钛合金作螺栓。螺栓连接的主要工艺过程包括制孔、上紧螺栓和锁紧保险。对螺栓孔必须在钻孔后再绞孔或拉孔才能达到精度要求,必要时还要用孔的挤压强化和干涉配合的方法提高螺栓连接的疲劳寿命。

2.5.5　胶接

胶接是通过胶黏剂将零件连接成装配件。在直升机部件装配中,胶接是复合材料结构主要连接方法之一。与铆接、螺栓连接等机械连接相比,它的主要优点如下。

(1)无钻孔引起的应力集中,连接效率高。

(2)由于不需要连接件,能使结构减重 5%～25%。

(3)抗疲劳、密封、减震及绝缘性能好,阻止裂纹扩展,破损安全性好。

(4)能获得光滑气动外形。

(5)不同材料连接,避免了电偶腐蚀问题。

(6)胶接能连接各种不同的金属和非金属材料。

（7）胶接接头不会削弱基体材料，能提高结构的抗压强度，从而减轻结构质量。

（8）便于按应力分布情况布置材料，也可以提高强度、刚度，减轻结构质量，还可以大大减少加工工作量。

（9）胶接提高了材料的抗疲劳性能及破损安全性能，这主要因为胶接接头没有孔和焊接点等应力集中点。

（10）具有一定的绝缘、隔热、防腐、密封等性能，表面光滑、美观。

胶接存在以下不足和缺点。

（1）有机胶黏剂的工作温度有限。

（2）胶黏质量易受多种因素的影响，质量的变动（分散率）较大。

（3）剥离强度较低。

（4）维护修理工作不如铆接简便，特别是各种夹层结构。

2.5.6　组合件、板件装配

提高铆接装配工作效率的重要途径之一是铆接结构的板件化。除了扩大装配工作面、增加同时工作人员外，板件化还提供了铆接机械化、自动化的条件，同时可以提高工人的工作条件。板件化的关键在于结构设计时要充分考虑结构工艺分离面的数量和布局，以适应板件装配的工艺要求。

1. 结构和工艺特点

组合件、板件都是独立的装配单元，是部件的重要组成部分。组合件有平面形状，也有曲面形状。板件主要由蒙皮、长桁和隔框的一部分组成，有时还包括与其他部件对接接头或对接型材等。组合件和板件的工艺特点如下。

（1）组合件和板件装配工作的开敞性好，可采用机械化、自动化设备进行钻孔和铆接。

（2）绝大部分的板件与部件的气动外形有关，外形要求较高，则多用埋头铆钉，应有足够的刚度保证铆接后变形小。

（3）某些组合件和板件带有部件之间的对接接头或对接型材，必须用装配型架保证对接面和对接孔的准确度。

2.组合件、板件的装配过程

组合件和板件的装配一般可以分为以下几个阶段。

(1)零件的定位及定位铆接。

组合件和板件装配是指根据结构的复杂程度和准确度要求,采用不同的定位方法。对于结构较简单、准确度要求不高的组合件和板件,装配时可以用装配孔定位;结构复杂、外形准确度要求高或带有对接接头的组合件和板件,装配时一般用装配型架定位。组合件和板件的大部分零件应能互换,一般不留加工余量,这样可以减少装配时的手工装配工作量,提高装配工作效率,缩短装配周期,但零件之间配合精度要求较高的部位应留一定的加工余量。零件定位并修配好以后要进行定位铆接,即在铆缝上隔一定数量(5~10 个)的铆钉铆接一个定位铆钉,使零件之间定位牢固,从而工件有一定的刚度。当工件从装配型架中取出后,零件之间不会错位,也不会产生较大变形,为铆接机械化和自动化提供有利条件,可以提高装配型架的利用率。

(2)钻孔、锪窝和铆接。

组合件、板件定位铆接后,即可进行全部的钻孔和铆接工作。在直升机试制和首批生产时,为了减少工艺装备的品种和数量,常在装配型架上进行钻孔和铆接,可以不用专用的钻孔和铆接托架装置。当批量生产时,组合件、板件的钻孔和铆接应尽量机械化和自动化。板件还适于在带有自动定位和调平托架的自动铆接机上自动铆接,使板件的钻孔、锪窝、放铆钉、压铆、将板件移至下一个铆钉位置的过程实现自动化。

(3)补充铆接及安装工作。

组合件、板件上有些铆钉很难在铆接机上进行铆接,需要在托架上进行补铆,有时有些螺栓和高抗剪铆钉也需要在托架上进行安装。此外,还可能进行一些安装工作,如小支架、口盖、卡箍等的安装。

2.5.7　段件、部件装配

1.段件、部件装配的技术要求

段件和部件装配的技术要求如下。

(1)保证部件设计分离面的协调、互换和外形准确度。

(2)在批量生产时,各系统的安装工作力求在段件、部件装配时完成,还要按技术条件的规定进行各种试验。

(3)某些段件、部件或其一部分结构有密封需求时,应保证其密封性要求,并进行密封性试验。

直升机的部件结构比较复杂,段件和部件装配阶段的工作量大,而且工作的开敞性差,因此在段件、部件装配阶段,大部分铆接工作只能使用手提式风钻、铆枪,劳动生产率比较低,装配周期长,因此在批量生产中,在构造和工艺上力求将装配工作分散到组合件和板件中,尽量减少部件装配阶段的工作量,简化段件和部件装配型架的结构。

2. 段件和部件装配过程

段件和部件装配阶段的定位方法比较相似,因此本节主要介绍部件的装配过程。部件的装配工作一般可以分为 3 个阶段:①型架内装配;②型架外装配及安装工作;③最后精加工、检验及移交。

(1)部件的型架内装配。

部件的型架内装配是部件装配的重要阶段,因为型架内装配确定部件上各接头和外形的准确度。为了保证部件的气动外形准确度和对接的互换性,段件、部件装配中要使用大尺寸、构造复杂的装配型架。工件在型架内的定位方法对装配的准确度、装配工作的开敞性和生产率,以及装配型架的构造和制造有很大影响。组合件和板件进入部件装配首先必须考虑用该组合件和板件所带的接头定位。一般情况下,所有的重要接头都要用定位器固定,以保证部件装配完毕后各接头位置的准确度。常见的定位方式包括按卡板定位、按内型板定位和按定位孔定位等。在实际生产中,一个部件往往不是采用单一的定位方法,而是根据部件的构造特点和具体的生产条件,综合应用各种方法。

(2)部件的型架外装配及安装工作。

部件在型架内装配到一定程度,以及保证部件具有足够刚度的前提下,即可将部件取出型架。某些部件在型架内工作不开敞或难以完成的工作可以放到型架外完成。型架外工作包括几个方面:①补铆和螺栓连接;②不影响部件几何外形和尺寸的零件或组合件的安装及连接;③各种系统的安装及试验。

在批量生产的条件下,能在部件上进行系统安装及试验的工作尽量在部件装配阶段完成,这样可以减少总装集成的工作量,缩短总装集成周期。

(3)部件的最后精加工、检验及移交。

在批量生产中,为了保证部件的互换性,有些部件在装配后要对接头进行精加工。精加工台是专用设备,在该设备内除按钻模、样板加工对接接头外,一般不进行其他装配工作。精加工是部件装配的最后关键工作,因此必须慎重进行。为确保部件间相对位置的准确度,部件在精加工台内的状态应尽量与全机水平测量时的状态一致。定位时注意避免产生强迫应力,并用游动指示器检查水平测量点沿指示器轴向和与轴向相垂直平面内的差值,定位夹紧可靠后,再用钻模进行精加工。根据直升机结构、产量、零件加工和装配等实际情况,确定直升机中哪些组合件和部件需要精加工。应指出的是,采用修配方法和装配后精加工,虽然都能达到装配准确度要求,但这两种方法有本质区别。修配方法是两个相配合的零件、组合件或部件相互进行修配,相互修配后不具有互换性;装配后精加工是装配后工件在专用设备上单独地依据样板、钻模或靠模进一步加工,精加工后工件具有互换性。小批量生产或单件试制时,也可以在部件装配型架内按专用钻模或靠模进行精加工。部件精加工后,需要进行最后检验,其内容包括部件的接头或对接面的准确度检验,外形准确度检验,部件水平测量,各系统的试验、称重及外表检查,部件完整性的检查等。

当直升机上的关键接口横跨多个零件且对精度要求较高时,在零件状态下制出终孔后,再通过装配型架定位的方式难以保证接口的精度要求。通过应用大部件精加工技术,可以让承载关键接口的组件或部件在铆接完成后再进行精加工,最大限度地避免了装配过程中的定位误差对关键接口尺寸的影响。

大部件精加工的主要形式有两种:一种是装配完工之后,利用精加工型架或专用装配型架,采用手工方式按导向器将连接孔由初孔扩铰至图样要求的最终尺寸;另一种是将装配完成后的部件送入数控加工中心进行关键接口的整体精加工。前者加工成本较低,实现较为方便,可实现较大部件的整体精加工,但加工部位较局限,无法保证精度较高的平面度公差;后者加工成本较高,同时机床的加工范围在一定程度上限制了部件的尺寸,但可以保证较高的平面度及位置度要求。

2.5.8　机身大部件对接

直升机装配时部件对接工作量的大小,取决于直升机的构造形式和总装集成与部装车间的分工。直升机前机身、中机身、后机身的对接是在部装车间进行,部件对接要保证对接后部件相对位置准确,连接可靠。对于有设计补偿的对接接头,对接中要使用设计补偿以保证对接技术要求;对于没有设计补偿的对接接头,在批量生产条件下,一般要用接头精加工的方法保证部件对接和互换性要求。对于完全互换的段件、部件对接,要调整对接的部件到正确位置,然后用检测销棒检查对合孔的同轴度要求,用塞尺检查配合面之间应保持的间隙值,用塞规检查连接孔孔径和表面质量,都符合图纸和技术条件要求后,就可以安装螺栓、垫圈,并按规定的拧紧力矩要求拧紧螺母,并打保险,最后用全机水平测量方法检查各部件相对位置的准确性。一般要将对接部件放在可移动和调整的托架上,进行调整并对接。对于不互换的段件、部件,对接时要用水平测量方法调整和确定它们的相互位置,将对接接头孔一起扩孔并铰孔。

直升机部装的任务是按照产品图纸和技术要求,通过直升机装配工艺设计,借助专用的装配工具、工装和设备,采用铆接、螺接等方法,将零件逐步组装成组件、部件,最后将各部件对接组成机身结构。直升机机身结构通常由前机身、中机身和过渡段三大部件组成,三大部件的对接是机身装配的重要环节,直接影响机身的装配质量,因此大部件对接技术是直升机制造过程中的核心技术之一。随着数字化测量、柔性定位和计算机集成控制等先进技术的发展,直升机机身大部件对接由传统对接技术向柔性、自动化对接技术迈进,能够大幅提升直升机装配的自动化水平,降低操作人员的工作强度,由此也导致了其相对于传统工装一次性投入成本高很多,使用过程需要具备维护保养能力,而且使用初期的效率并不比传统工装高,因此更适于批量较大的大中型直升机装配。小型直升机采用硬式工装对接,其使用的工装尺寸小,制造难度不大,维持其稳定性和精度代价也较小,使用效率甚至比采用自动化装配系统的效率高。因此是否采用柔性及自动化对接技术,需要考虑直升机特点和产量,从效率、质量和成本方面进行综合分析论证。

航空工业哈尔滨飞机工业集团有限责任公司的直升机大部件对接采用的主

要方式包括传统刚性工装对接、基于模块化装配的快速对接、柔性及自动化
对接。

1.传统刚性工装对接

部分直升机型号机身大部件对接采用传统的机身总装集成型架完成,各大
部件完成装配后,按照工艺流程吊运至机身总装集成型架进行定位调整并完成
对接,整个对接过程均为手工调整、定位、连接及测量。

机身总装集成型架主要由工装框架、拖车及各部件定位器等组成,如图 2.7
所示。

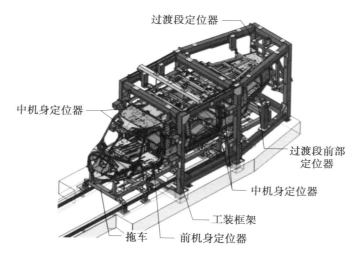

图 2.7　机身总装集成型架示意图

2.基于模块化装配的快速对接

在传统刚性工装的基础上,通过改进机身总装集成型架结构,借助模块化装
配协调技术、零点定位技术、机电一体化技术和自动导引车(automated guided
vehicle,AGV)自动转运技术等实现了机身大部件的快速对接。部件装配后保持
模块化拖车内的定位状态,按照工艺流程由 AGV 车将各大部件产品连同拖车转
运至机身总装集成型架中,通过零点定位技术实现模块化拖车与工装框架的快
速定位。部件与模块化拖车在机身总装集成型架内定位后,约束 Y、Z 方向的自
由度,保留 X 方向的自由度。对接过程中,由伺服控制系统驱动各部件沿 X 方
向与基准部件对接,最终实现整体对接装配。

改进后的机身总装集成型架主要由框架、前机身拖车、中机身拖车及过渡段拖车、主减速器平台定位组件、零点定位器、伺服驱动控制系统等组成,如图 2.8 所示。

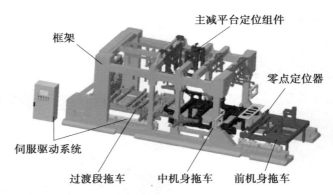

图 2.8　改进后的机身总装集成型架示意图

3.柔性及自动化对接

随着高精度和高效率数字化测量系统的发展,基于数字化的柔性及自动化对接装配技术已成为直升机大部件对接过程控制和质量保证的关键技术。通过建立柔性、自动化对接系统,可以快速、精确地测量直升机各部件位姿,系统分析和计算理论位姿,并控制数字化定位器实现部件的位姿调整。对接系统主要用于完成直升机机身部件的调姿、定位、对接和支撑,实现机身大部件柔性及自动化对接装配。在对接装配完成后,可对产品相关技术指标进行检测和评价。机身大部件柔性及自动化对接系统主要由柔性数字化定位系统、AGV 车、激光跟踪仪和集成控制系统等组成,如图 2.9 所示。

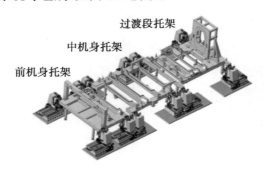

图 2.9　柔性及自动化对接系统示意图

2.6　直升机部件数字化装配技术

信息化、数字化是当今世界科技、经济、军事与社会发展的必然趋势,是未来发展的战略制高点。党中央将大力推进信息化作为重大发展战略和经济建设的一项重要任务。自"十一五"以来,国防军工行业不断加大信息化、数字化建设的投资力度和型号应用的推进工作,而当前,信息化、数字化技术的发展正面临前所未有的大好形势。直升机行业不断学习、吸收和紧跟数字化技术应用的理念和方法,不断推进数字化设计制造体系和应用系统建设,在数字化技术研究和在型号工程应用方面均达到了较高的水平,一直处于我国军工行业的领先地位。数字化技术的应用在促进我国直升机研制模式的转变、提高快速研制能力方面发挥了决定性的作用。近年来,国外数字化技术的应用有了新的发展,以波音公司 B787 直升机的研制为代表,全面应用了基于模型定义和关联设计等新技术,以 MBD 贯穿设计制造全过程,实现全三维研制,并最终取得了成功。中国航空工业集团有限公司在直升机重点型号研制中也开始应用 MBD、关联设计、基于构型的产品数据组织和管理等技术,并在协同研制、数字化零部件制造能力等方面取得了新的进展,获得了重大的效益,在军工行业产生了重要影响。

我国直升机行业十分重视数字化技术的研究及其在型号研制中的应用。多年来,在信息化与工业化深度融合的思想指导下,数字化设计制造技术的研究和应用不断深入,复合型人才队伍不断壮大,数字化技术应用基础不断夯实,数字化技术促进了直升机研制模式的变革和流程不断优化、信息化管理水平不断提升,使数字化设计制造技术研究和应用不断向深度和广度发展。通过最新的重点型号研制,多厂所并行协同研制模式和支撑技术趋向成熟;以 MBD 模型作为唯一制造依据,使制造依据发生历史性变革。基于 MBD 的全三维设计、区域化模块化设计、三维装配工艺设计和装配制造等先进的数字化技术已开始全面应用,零部件制造数字化支撑能力大幅提升,数字化技术支撑重点型号研制取得了重大的经济和社会效益。虽然基于 MBD 的全三维研制技术应用时间不长,发展过程中还存在一些问题,但以其为代表的先进的数字化技术已成为型号研制的关键支撑技术,它的全面应用成为中国航空工业集团有限公司武器装备研制不可或缺的生产力。总体上,数字化技术研究和应用的水平上了一个新的台阶,在我国军工行业继续保持领先地位,领先优势扩大,引领着数字化技术的发展方向。

2.6.1　基于 MBD 的装配工艺设计

我国直升机行业在重点型号研制中紧跟最新的研制模式和理念,学习先进的数字化技术在新机研制中的应用经验,在型号立项以后,首先确定数字化技术的应用目标,先期启动软硬件条件建设,组织技术队伍进行关键技术攻关和验证。在此基础上,设计制造全过程采用并行协同研制模式,全面应用基于 MBD 的全三维设计、关联设计,基于构型的产品数据组织与管理,物料清单(bill of material,BOM)重构与管理,基于 MBD 的装配工艺设计/制造,数字化技术支撑高效零部件加工,数字控制的大部件对接等先进的数字化技术,并将数字化技术的应用与直升机设计制造自身能力提高相结合,使中国航空工业集团有限公司直升机的重点型号研制能力有很大提高,研制周期缩短 30％以上,设计更改数量大幅降低,工装数量大幅减少,研制质量明显提升,直升机制造依据和制造模式的对比见表 2.3。

表 2.3　直升机制造依据和制造模式的对比

项目	直升机型号研制(2007 年以前)	重点型号研制(2007 年至今)
制造依据	二维产品图纸＋三维模型	全三维模型
工艺设计模式	二维工艺设计	二维＋三维工艺设计
工艺流程	串行＋并行工艺设计流程	并行数字化工艺设计流程
工装设计/制造	工装设计主要采用二维设计; 工装制造主要采用常规方法,复杂工装采用数控加工	主要采用三维工装设计/制造
检测	主要采用常规方法编制检测规划及检测,数控机械加工零件采用三坐标测量机检测	二维＋三维检测规划设计与检测

续表 2.3

项目	直升机型号研制（2007 年以前）	重点型号研制（2007 年至今）
零部件制造	三维数字化制造主要应用于复杂机械加工结构件；钣金、复材等零部件的数字化制造处于研究、应用验证阶段	三维数字化制造技术全面应用
部件装配及总装集成	基于二维图纸进行零部件装配及总装集成	三维数字化、可视化装配技术全面应用于部件装配及总装集成

　　MBD 技术的应用是对传统直升机研制模式的一次变革,美国波音公司于 2004 年在 B787 直升机研制中首次使用该技术。我国在最新的重点型号研制中,跟踪研究 MBD 技术及其实施方法,建立了相应技术标准规范,新建了技术注释库,改造了标准件库、材料库等基础数据库,开发了针对各专业设计的一系列支持工具,建立了 MBD 规范化检查手段,确定了 MBD 技术方案,并在型号研制中全面应用,建立了基于 MBD 的全三维数字样机。型号确定以 MBD 模型作为制造的唯一依据,设计只发放三维 MBD 模型,不再发放二维工程图,有关设计、制造、质量等信息在 MBD 模型中表示,从此结束了以二维工程图为制造主要依据的历史。制造依据的转变带来重大的冲击与挑战,要求工艺设计、检验规划设计及制造方式和技术做适应性的改变,促使制造技术体系发生历史性变革,实现基于 MBD 的设计制造一体化。MBD 技术的应用标志着我国航空制造业开始跨入全三维设计制造的新时代,具有里程碑的意义。

　　随着 MBD 技术的深入应用,在航空工业的重点直升机型号研制中,并行协同设计、面向制造的设计等先进数字化设计方法得到了深入、综合的应用,并且创新性地应用了模块化设计和关联设计方法、三维装配工艺设计/制造、高效数控加工等技术。在重点直升机型号研制中,普遍采用了基于成熟度控制的并行协同研制方法,实现了设计、制造多专业、多层次并行工作,加速了设计迭代,生产准备提前,为缩短型号研制周期起到决定性作用;在直升机的重点型号研制中,按照模块化设计原则将产品划分为数千个模块,实现了产品结构的扁平化,提高了设计制造的并行度;基于模块的关联设计技术已在重点型号研制中进行了深入的应用,提高了总体、结构、系统等设计并行能力;建模技术的应用使上游设计模型能快速被制造工艺应用,满足了快速工艺设计和数控编程的需要。这些数字化设计方法在提高直升机研制效率、加速设计迭代、提高设计的可制造性等方面发挥了重要作用,成为数字化研制水平提升的重要支撑点。

作为集团战略的支撑,直升机重点型号研制已经广泛应用联合研制模式和并行工程工作方法,参研单位通过协同研制平台,以集成产品团队(integrated product team,IPT)的组织形式,按照成熟度控制方法开展型号并行协同研制。通过协同研制平台,在产品数字化定义的同时,并行开展可制造性分析和工艺、工装设计,关键部件物料采购,提前进行生产准备;通过协同研制平台,以产品结构为基础,进行模块化、面向装配和制造的在线并行产品定义,逻辑上建立集成工艺、工装、检验数据的产品单一数据源;通过协同研制平台进行产品数据的管理和交换,实现数字样机(digital mock up,DMU)动态实时共享,在确保产品数据一致性和有效性的前提下,使分布在不同地区的研制单位在统一的环境中,按照统一的流程和规范进行组织设计和制造。联合协同研制模式充分发挥了各厂所的优势,以优异能力中心联合的方式全面提升综合研发能力,实现了多厂所从组织、流程到技术上的协同。联合协同研制模式和支持技术已趋向成熟,型号研制能力显著提升,为缩短研制周期发挥了关键作用。

MBD全三维设计作为制造的唯一依据是对现行的制造技术体系的冲击,对现行的管理模式、业务流程、工艺设计系统、检测规划设计系统、标准规范体系、基础数据库和支持工具,以及基于二维计算机辅助工艺设计(computer aided process planning,CAPP)系统支持的制造方式等做相应的改造,需要建立基于MBD的工艺、制造技术体系。各制造企业已开始进行相关技术研究和应用准备,包括管理模式、业务流程、标准规范、基于MBD的工艺设计和基础数据库改造等,并尝试在重点型号的研制中应用这些成果,如应用基于MBD的三维装配工艺设计技术,在新机研制中基本实现了三维数字化、可视化装配制造,零件制造在传统的工艺设计文件中适当补充、插入三维视图,增强了工艺设计文件的直观性。三维装配工艺设计技术的应用已经取得了显著成效,三维零件工艺设计和检验规划设计等环节由二维向三维过渡。

工艺设计是连接设计与制造的重要环节。在重点型号研制中,各直升机制造企业已经全面实现了基于三维模型的装配工艺设计的应用。虽然在三维数字化装配工艺模型表达方式和实施的技术路线上有所差异,但航空工业各主机制造企业通过研究、开发、使用基于三维模型的装配工艺设计及仿真技术和系统,基本实现了装配制造业务过程的数字化、可视化。基于三维模型的装配工艺设计及仿真技术的应用改变了工艺总方案设计及装配工艺设计的传统模式,优化了装配工艺流程,发现了产品设计、工装设计及工艺设计中的问题,大幅提升了直升机装配工艺设计水平,取得了十分明显的效果。三维装配工艺设计及仿真系统的典型应用包括对导管装配过程进行模拟仿真,发现并解决设计、工艺问题,减少了导管安装过程中的报废与返工,提高了装配质量和效率;通过对重点型号部件进行三维装配工艺仿真,发现并解决产品设计问题、工艺设计问题和工装设计问题,使直升机骨架零件装配一次合格率达到 95% 以上。

　　装配工装设计制造在整个直升机研制中具有十分重要的作用。为了加快工装研制效率并优化工装结构,部分直升机制造企业建立了基于 MBD 的工装模型,并应用仿真软件实现工装结构优化,突破了参数化的标准件库、典型件库构建技术和工装快速生成技术,并开发应用工装车间制造执行系统(manufacturing execution system,MES)系统等,形成了三维工装快速设计制造与管理集成应用平台;建立了装配件与装配工装的关联模型,在一定程度上突破了模型驱动的装配工装关联设计技术,显著减少了由于产品频繁更改的工装修改量。采用三维数字化技术设计了大部件对接的柔性工装,提高了工装的通用性和自动化水平。数字化设计制造和工装技术的应用使工装零件数量减少 50% 以上,缩短直升机工装研制周期 30%～50%,降低工装返修率 50% 以上。

2.6.2　数字化检测测量

　　数字化测量技术是实现直升机数字化高精度装配的基础保障。数字化测量系统的核心是计算机辅助测量设备和测量软件,它们在直升机装配上主要用来测量和定位被装配产品,是数字化装配系统的重要组成部分。目前在直升机中应用较广泛的先进数字化测量仪器主要有激光跟踪仪、室内空间定位系统(indor global positioning system,IGPS)和数字照相测量系统等。其中,由于激光跟踪仪具有测量范围大、精度高、动态测量、携带方便等特点,成为我国使用最广泛的大空间高精度测量设备。

航空工业哈尔滨飞机工业集团有限责任公司在直升机尾段结构对接中使用激光跟踪仪作为数字化测量手段,以机身结构上的测量点作为基准,检查尾梁、平尾、垂尾、起落架、旋翼和尾桨等安装的正确性,如图 2.10 所示。在不改变现行的水平测量方法和验收标准的基础上,以数字定位器代替传统千斤顶,通过系统的自动测量和计算进行实时调姿,然后通过激光跟踪仪对测量点进行测量,数据反馈给测量系统并进行计算形成数据反馈,提升直升机尾端对接的精确度和稳定性,保证直升机结构稳定性,对于提升机身制造及维护具有重要作用。

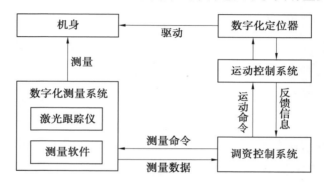

图 2.10 直升机装配数字化测量系统原理示意图

航空工业哈尔滨飞机工业集团有限责任公司之前是采用检验卡板人工对气动外缘型值进行测量检查,工件尺寸大、工装较高导致多处位置不便于测量且测量位置较多,效率较低,并且卡板笨重拆装不便,安装及拆卸需使用吊车配合,同时产品存在磕碰风险。现应用 IGPS 数字化外形检测技术,将现有的 IGPS 测量系统进行升级,将原有系统改造成为全空间固定式水平测量站位,无须对激光发射器进行重新架设布置测量场,也无须调整待测产品,只需简单测试微调空间坐标系,即可利用手持式探针进行外形测量,得到测量数据。以此充分发挥数字化测量系统的优势,用于大部件外形数字化测量、气动外缘型值检查,使气动外缘型值检查方便快捷,降低操作者劳动强度,防止磕碰产品的风险,充分发挥数字化测量系统的优势。

MBD 技术的应用使传统的装配检测模式(按二维工程图和制造大纲验收产品)发生变化。目前,直升机制造企业已开始研究基于 MBD 的检测特征识别、检验工艺自动规划、检测轨迹与检测数据自动生成技术,在基于 MBD 的三维数字化检测系统等方面进行探索,并取得阶段性应用成果;激光跟踪和 IGPS 等测量技术开始用于重点型号研制,基于 MBD 的三维数字化检测技术的开发与应用开始起步。随着检测技术和能力的提升,直升机大部件自动对接精度偏差大大减小、全机水平测量精度大幅提高。

　　直升机制造企业结合重点型号研制的技术改造,在部件装配、总装集成等装配环节,通过引进或研制数字化装配设备,改进和优化装配模式及流程,重点攻克了基于三维实体模型的装配仿真、数字化柔性装配、精密制孔和数字化检测等关键技术,突破了基于激光跟踪和 IGPS 的大部件装配自动化对接技术,实现了装配现场可视化操作等,数字化装配技术水平得到了提升,在重点型号研制中发挥了重要作用。通过三维装配仿真技术、自动精密制孔技术、柔性装配和 IGPS数字化测量技术的深入开发与应用,实现了大部件装配自动化精密制孔,直升机装配的自动定位、移动、调整、对接及直升机大部件自动对接和数字化全机水平测量,缩短了 50% 的重点型号直升机大部件自动对接装配周期,将全机水平测量精度由 0.5 mm 提高到 0.2 mm,自动对接精度偏差仅为传统工艺的 20%,为重点型号研制的顺利完成提供了有力支撑。装配移动生产线以数字化技术作为支撑,融合了装配定位技术和移动技术等,通过优化装配流程,构建基于三维轻量化模型的无纸化工作门户,采用基于站位的节拍式生产计划排程,建立完全配套的物料配送线等,实现了大部件装配与对接自动化技术应用的整体突破,最大化地减少了装配工时和成本,全面提升了装配效率和能力。

　　我国直升机制造企业对 MBD 技术的研究与应用还处于探索阶段,在对MBD 技术的理解、规范的制定、技术的储备、设备的能力等方面存在不足,主要体现在以下几方面。

　　(1)现行制造模式、流程难以适应 MBD 技术应用要求。现行数字化工艺、工装,检测的模式、流程及组织形式不能完全适应直升机型号研制应用 MBD 技术的需求,需要对现行组织机构进行整合,并改进和优化相应的制造模式和流程。

　　(2)设计与制造的融合还需要加强。据调查统计,MBD 技术的深入推广和应用主要的困难来自制造企业而不是设计部门。虽然设计部门在 MBD 技术上取得较大进步,但由于 MBD 模型缺乏完整的工艺信息、未经过长期检验并难以被有效识别、提取及应用,因此需要设计部门在制定 MBD 规范时,以制造的需求为牵引,与制造部门一起协商,共同建立适合三维设计制造一体化的 MBD 的全三维信息模型。

(3)数字化设备及软硬件的能力需要提升。由于制造数据信息量剧增,MBD 技术应用将对制造部门的计算机软硬件等提出更高的要求,但目前制造企业现行软硬件资源相对不足,还不能完全满足基于 MBD 的全三维数字化制造的要求,如生产现场实现三维可视化操作的设备能力不足、协同网络的支撑力度不够等。

因此,中国航空工业集团有限公司需要对 MBD 技术在制造领域应用和实施中的关键技术进行技术攻关,如基于 MBD 的全三维信息模型(包括产品模型、工艺模型、工装模型、检验模型)的定义及表达方法的研究与开发,以满足三维数字化制造各个环节的需求;开发 MBD 信息快速有效识别、提取和应用的工具和软件,保证这些信息能够在构型的控制下,可以被工艺规划、检验和车间等制造部门有效应用,并在发生更改时可以及时更新和追溯。

基于 MBD 技术的产品定义标准和规范是实现全三维研制技术在设计制造各个环节深入应用的基础。建立直升机产品研制过程中基于 MBD 的设计信息、工艺信息、检验信息、制造信息等融为一体的标准规范,必须充分考虑产品研制过程中各个环节的要求。目前中国航空工业集团有限公司编制的标准可操作性不强,普遍反映难以在型号研制中实际应用,各单位在重点型号研制中都编制了标准规范,但存在不完整、不统一,制造企业面临研制型号多、设计标准不一致等多方面的挑战。标准规范的完善程度直接影响该技术应用的深入和发展,必须予以重视。建议组织专业技术队伍,吸收一线有实践经验的人员参加,学习吸收其他国家编制标准的经验,在现有各型号应用实践的基础上,充分认识信息标准的特殊性,对现有标准规范进行修订、补充和完善,编制与信息标准对应的操作指导手册。这是一项艰巨的科研任务,需要长期坚持,不断改进,最终形成全三维设计制造标准规范体系。

航空工业作为国家的战略性产业,担负着武器装备研制和产业经济发展的双重使命,面对信息化引发的航空工业研制模式变革的挑战,必须加快信息化与工业化融合的步伐。基于 MBD 的全三维设计制造作为 21 世纪信息化技术的重点发展方向之一,它的研究和应用是一项复杂的系统工程,必然会带来设计制造模式的创新和技术体系的变革。我国直升机行业在重点型号的研制中均使用了这项技术,取得了显著效益,并在行业内外产生重要影响,但距离型号设计制造全过程对 MBD 技术的应用要求尚有很大差距。应抓住国家重点发展航空战略性新兴产业的关键时机,以航空工业转型升级为背景,依托重点型号工程,夯实信息化基础,深化数字化技术应用,构建面向"产品全生命周期、全业务流程、全价值链"的航空工业工程创新体系,为推进航空武器装备的全三维数字化设计制造技术的全面应用,实现型号研制能力跨越式发展奠定坚实的基础。

2.7　直升机部件装配工艺装备

部件装配工艺装备(简称装配工装)主要是指完成产品从组件到部件装配及总装集成过程中,用来控制产品几何参数所用的具有定位功能的工装,具体包含铆接装配夹具、补铆夹具、部装车间的检验工装、工艺模拟工装、总装集成车间产品装配协调工装、铆接零件钻模等。由于部件装配在直升机制造工艺中的关键性,配套的工艺装备也属于关键、重要装备,其功能对产品关键特性制造起决定性作用,制造难度大,制造成本较高。直升机制造技术经过多年发展,现阶段装配工装的标准化、模块化、数字化数值模拟、集成化和健康状态管理等是工装设计的关键技术点,需要说明的是,这些技术在装配工装设计中应用更广泛、深入,但这些关键技术同样适用于其他钣金、复合材料等专业工装设计。

2.7.1　工艺装备标准化设计技术

随着数字化技术的发展、直升机装备研制周期的缩短,传统的工装设计思路、设计方式已无法实现和适应现代技术发展的需要。同种类型结构的工装设计(如出现多种样式和结构)不仅不利于设计工作的优化管理,也不利于设计经验的积累。因此,对工装标准化提出了更高的要求,设计标准化体现在规范化、通用化、系列化三个方面。

1. 规范化

工装设计规范化是规范既有重复性、又要针对不同产品专属需求的设计过程。用于约束工装设计的规范包括设计环境要求、设计/审核审签/发放归档等流程要求、自制件三维模型构建要求、标准件选用要求、材料选用要求、二维/三维标注要求、工装检测信息要求、故障处理和设计更改要求等。这些要求的具体内容与制造企业长期积累的设计经验惯例、信息化系统、现有制造和检验能力相关，但其基础技术是通用的，如基于模型定义的技术，它是用集成的三维模型来完整表达工装定义信息的方法，这类技术充分利用三维模型直观、可视化和准确表达的特点，将工装全生命周期所需的精确几何信息和非几何信息以实体、属性及注释方式附加在三维模型中，从而使三维模型成为制造的唯一依据，如图 2.11 所示。

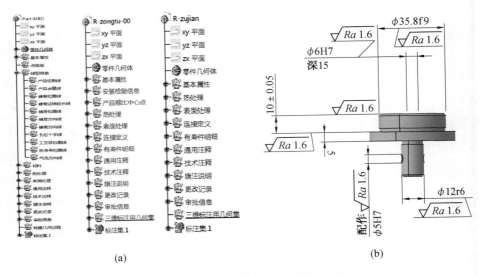

图 2.11　MBD 工装零件示例图(mm)

2. 通用化

工装设计通用化是指工装零组件设计不应局限于某一套工艺装备的需求，应针对一类工装的通用需求，设计可重用、可重构的工装零组件结构，这是实现直升机工艺装备低成本制造、快速装配投入使用的重要保障，如铸造角座、成型模放置平台、通用框架支柱、成型模支腿和工作梯台防护栏等。角座在装配夹具、型架等工装设计中应用广泛、需求数量较大，同时由于角座本身结构较为统一，满足标准化设计的前提条件，如图 2.12 所示，铸造底座、铸造单筋角座、铸造双筋角座适合多型号直升机部件装配夹具、型架结构。

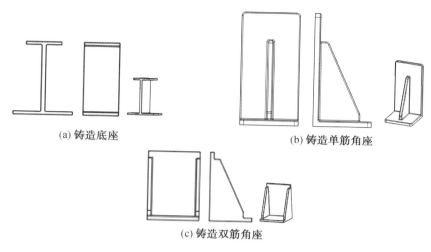

(a) 铸造底座　　　　　　　　　　　　　(b) 铸造单筋角座

(c) 铸造双筋角座

图 2.12　铸造角座通用化设计示意图

复合材料成型模放置平台结构形式较为统一,做好平台尺寸及形式的标准化设计,可以实现相似复合材料产品成型模放置平台的通用化,产品更改时仅需将成型产品的工装部分报废,下部放置平台可重复利用,如图 2.13 所示。通用框架支柱是在参照多型号直升机复合材料件切钻工装结构的基础上,旨在降低设计及制造成本,便于工装车间使用中更换,节省工装存放空间,图 2.14 所示为单/双轴通用复合材料切钻工装框架支柱。根据复合材料产品结构特点及最佳工作高度要求,在成型模设计保证主体刚度的前提下,应尽量降低其工作高度,通过通用支腿调节工装高度,并力争多种方式组合入罐提高产品成型效率,充分利用热压罐产能,图 2.15 所示为复合材料成型模通用支腿。此外,工作梯台防护栏的通用化设计可大幅提升设计员的设计效率及制造车间的工作效率,实现防护栏的批量化生产,提升防护栏的制造质量,进而提升工作梯台的外观水平,如图 2.16 所示。

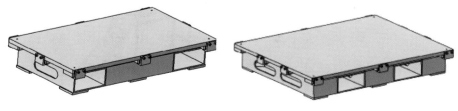

图 2.13　平面类复合材料件成型模放置平台

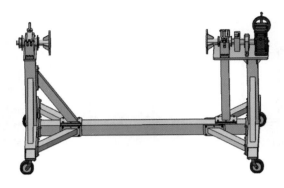

图 2.14 单/双轴通用复合材料切钻工装框架支柱

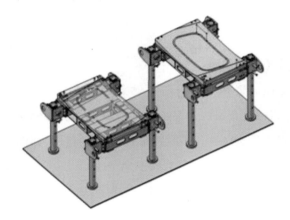

图 2.15 复合材料成型模通用支腿

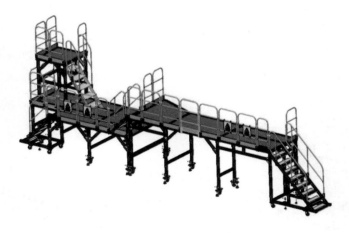

图 2.16 工作梯台防护栏标准化

3. 系列化

工装设计系列化一般针对工装材料选取等,主要考虑减轻采购压力、减少原材料储备种类等因素,结合多型号直升机工装设计过程中常用材料的选取情况,对工装板材、型材、棒材的材质及尺寸进行系列化规定,如对于装配工装中常用方钢管及矩形管,若选用冷拔管则面临规格少、通用性差、难以批量采购,规定选用同等性能的冷弯管则可覆盖常用的材料厚度及尺寸需求,图 2.17 所示为装配工装型材选用系列化要求。

矩形管				
基本尺寸/mm			冷弯矩形钢管	冷弯矩形铝
A	B	S	GB/T 6728	GB/T 6728
80	40	5	△	
80	60	3	△	
100	70	6	△	
120	80	6	△	△
		8	△	
150	100	8	△	
200	100	6	△	△
		12	△	

不等边角材(GB/T 9788)			
型号	基本尺寸/mm		
	H	B	δ
2.5/1.6	25	16	3
3.2/2	32	20	3
4/2.5	40	25	3
5/3.2	50	32	4
7/4.5	70	45	6
105/6.3	100	63	8
			10
14/9.0	140	90	10
			12
16/10.0	160	100	12

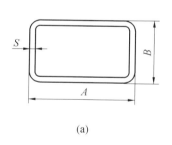

(a)

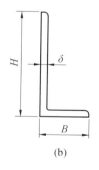

(b)

图 2.17　装配工装型材选用系列化要求

热轧槽钢(GB/T 707)			
型号	基本尺寸/mm		
	h	b	d
12.6	126	53	5.5
14b	140	60	8
16a	160	63	6.5
20a	200	73	7
25b	250	82	9
32b	320	90	10

热轧工字钢(GB/T 706)			
型号	基本尺寸/mm		
	h	b	d
12.6	126	74	5
14	140	80	5.5
16a	160	88	6
20a	200	100	7
25a	250	116	10
32b	320	134	13.5

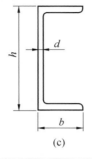

(c)

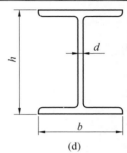

(d)

无缝钢管					
型号	基本尺寸/mm		Q235	不锈钢	铝管
	D	δ	GB/T 17395	GB/T 17395	GB/T 4436
φ10×2	10	2	△	△	
φ21×2	21	2	△	△	
φ25×2.5	25	2.5	△	△	
φ30×2	30	2	△		
φ35×2.5	35	2.5			△
φ40×2.5	40	2.5			△
φ40×5		5	△		
φ46×3	46	3	△		
φ51×4	51	4	△		
φ60×5	60	5	△	△	
φ80×5	80	5	△	△	
φ100×4	100	10	△		

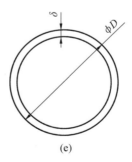

(e)

续图 2.17

2.7.2　工艺装备模块化设计技术

模块化设计(modular design)是国外直升机制造普遍采用的一种先进设计方法,模块化设计技术与柔性加工、CAD 等先进技术结合,被广泛应用于实际产品的设计与制造之中。模块化设计是在对一定范围内的不同功能或相同功能不同性能、不同规格的产品进行功能分析的基础上,划分并设计出一系列功能模块,通过模块的选择和组合构成不同的产品以满足市场不同需求的设计方法。

基于模块化设计思想,装配工装的模块化以直升机产品工艺分离面为基础,将工装中部分功能组件整合成相对独立的装配单元,通过统一的快速定位接口,模块化工装作为产品保型载体在相关的工装中循环使用。模块化工装的应用能够有效减少产品在不同工装间的反复拆装和定位,同时保障产品在转运过程中状态的稳定,一定程度上提高了定位精度,减少了辅助工作时间,从而提高装配精度和效率。另外,模块化工装作为独立装配单元,可以通过更新迭代自身的结构功能,适应产品构型更新变化,而不会产生工装其他部分的更改,这也在一定程度上提高了工装柔性,降低制造周期和成本。

以工装升降及翻转组件模块化设计在油箱舱上部骨架装配夹具、中机身后部上构件平台板装配夹具中的应用为例,升降及翻转机构主要包含支架、主动轴、从动轴、定位装置和旋转框架等,可分为手动和电动两种形式,电动结构还需要配备电机配减速器、定位装置、定位插销、感应装置和安全扫描装置等,如图 2.18 所示。

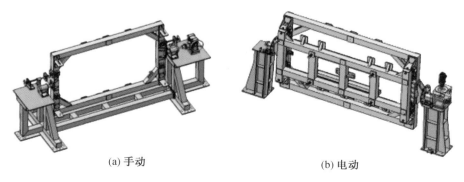

(a) 手动　　　　　　　　　　　　(b) 电动

图 2.18　工装手动/电动升降及翻转模块化组件示意图

应用工装升降及翻转组件模块化设计可以为快速装配过程提供不同的操作

工位,并且功能集中的模块化组件可以避免大量的拆卸、周转工作,节约人力,提高效率。如图 2.19 所示,油箱舱上部骨架装配时工装处于垂直状态,模块转移时工装需要处于水平状态,使用工装翻转模块化组件,可以实现垂直、水平工作状态的快速切换,同样在中机身后部上构件平台板装配夹具中,应用兼具升降及翻转功能的模块化组件,可以通过升降使工装处于不同的工作高度,工装升降至高点时翻转,在水平状态可以进行工装模块、产品的上下架。

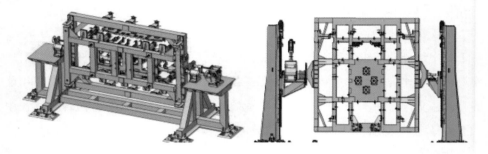

图 2.19　升降及翻转模块化组件应用示意图

水平滑台模块化设计是针对直升机大部件装配转运过程中需要水平滑台来实现支撑或定位而设计的,水平滑台分为无定位功能的水平滑台和有定位功能的水平滑台。无定位功能的水平滑台仅有支撑作用,此类由轮子和滑轨实现水平滑动,轮子与滑轨的配合精度较低,只可实现水平方向的粗略滑动,滑台本身无精确定位功能,如图 2.20 所示,滑台仅作为拖车使用。

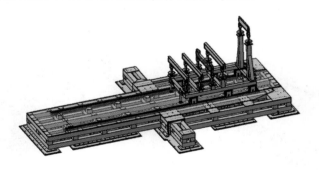

图 2.20　无定位功能的水平滑台模块化组件应用示意图

有定位功能的水平滑台包含部分定位件,既能起支撑作用,又能对产品进行定位,如采用 V 形块实现滑台的定位,如图 2.21 所示。滑台依然保持由轮子和滑轨实现水平滑动的方式,由于轮子与滑轨的配合精度较低,滑台可实现产品的粗略定位,并且水平滑台定位时操作复杂。

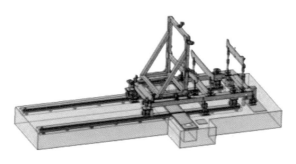

图 2.21 有定位功能的粗略水平滑台模块化组件示意图

有定位功能的水平滑台还包含一种可实现精确移动的方式,如图 2.22 所示,即模块化组件包含定位模块和水平滑轨两部分,采用直线滑轨实现滑台的水平滑动,其中定位模块可连接产品从一套工装转移到另一套工装上,减少产品的二次定位,提高定位精度。水平滑轨与定位模块连接后可带动定位模块水平滑动,实现产品装配位置的需求,由于直线滑轨精度较高,可实现滑台精确的水平滑动,为产品的精准定位奠定基础。

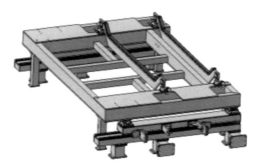

图 2.22 有定位作用的精确水平滑台模块化组件示意图

模块定位接口是指在模块化装配工装中,用于工装模块与工装主体间快速定位的工装组件。模块定位接口由安装在工装模块与工装主体的组件组成,安装在工装模块的组件为定位块,安装在工装主体的组件为定位底座。模块定位接口一般需要几组接口配合使用,通过限制模块的自由度达到定位的目的。依据工装模块准确、快速定位需求,将模块定位接口分为 V 形面式模块定位接口、杯锥式模块定位接口和零点式模块定位接口等,如图 2.23 所示。为保证工装模块快速、准确及可靠的定位,接口组件应具有一定的制造和调整精度,具有良好的强度、刚度和使用寿命,同时具备制造、调装和维护简便等特性。

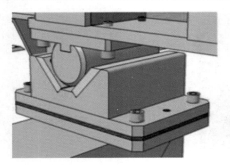

图 2.23　模块化定位接口组件形式示意图

2.7.3　工艺装备数字化校核技术

以往缺乏有效的理论分析方法时,工装结构设计及优化主要依靠经验和投入使用后的返修完成,为了保证工装刚度,往往将结构设计得过于笨重,而新结构一般需要通过多次试制返修后才能确定,这些传统的设计方法造成了工装设计周期和成本的大幅升高。鉴于我国多种先进数字化仿真技术的发展,在现阶段的工艺装备性能校核中已应用多种数字化仿真技术。如基于有限元数值模拟的工装结构刚强度仿真校核,包含三维实体、壳单元等模型类型,考虑螺钉、销钉、焊接等连接制造方式和金属、复合材料等工装材质,以及运输、上下架、工作等工况的仿真,为工装新结构合理性论证、原有结构优化、保刚度降质量设计提供了有力的理论支持,图 2.24 所示为工装有限元刚度仿真分析应力及变形图。

(a) 装配工装底部框架　　　　　　　(b) 装配工装框定位件

(c) 装配工装接头定位框　　　　　　(d) 装配工装立式框架

图 2.24　工装有限元刚度仿真分析应力及变形图

随着工装刚度仿真分析技术应用的不断深入,人们进一步提出热环境是否会对工装刚度造成影响的问题,尤其是对于复合材料薄壳成型工装、3D 打印工装等需要轻量化处理的热环境使用工装,需要通过仿真分析的辅助更新原有结构设计经验,避免刚性过剩或局部刚性不足等问题。在常温刚度分析技术基础上,在热状态下开展工装刚度仿真技术研究,考察工装加热至最高温度时应力及变形、降至室温后残余应力及变形,明确热环境引起的工装刚度退化,确保热环境下使用工装刚度满足使用功能和安全指标,如图 2.25 所示。工装热刚度仿真分析技术和工装热分布仿真分析组合为热环境使用工装设计提供完整的仿真指导方案。

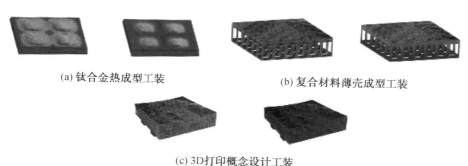

(a) 钛合金热成型工装　　　　　(b) 复合材料薄壳成型工装

(c) 3D打印概念设计工装

图 2.25　工装热刚度仿真分析应力及变形图

虚拟装配及人机仿真技术是近年来数字化设计制造技术发展的关键环节之一,其核心是在数字环境中按需调整装配顺序、配置辅助资源、策划操作者工作姿态等,通过真实反映产品、资源和操作者之间的完整互动过程,直观分析产品的可加工性、可达性和可维护性等,尤其是重点提升操作者的使用体验,提前预判实际生产时可能出现的故障问题。在装配工装的设计阶段,针对工装基本功能验证、装配顺序验证、人机功效和干涉检查等多方面需求,引入虚拟装配及人机仿真技术校核工装,实现了工装装配过程的虚拟化仿真,能够对装配顺序合理性、产品与工装/工具等资源干涉性、人工操作姿态/视野等关键因素进行评估,仿真生成的三维装配视频还可用于工装使用培训。

2.8　直升机部件装配制造新技术

近三十年来,生产和科学技术发展突飞猛进,在直升机装配作业中,虽然手工劳动仍占较大比例,但随着计算机应用范围的扩大,新材料、新结构和新工艺的不断涌现,直升机装配逐渐发生变化。大型锻压件和数控技术的出现使直升机零件数量减少,整体壁板比例增加,从而减少装配工作量,但整体零件刚度的增加又给装配工作带来新的问题,例如零件与装配型架的协调问题、整体零件变形问题等。计算机和图形显示器的出现使 CAD/CAM 技术在装配夹具和装配技术中得到应用,并在计算机辅助工艺方案设计和工艺过程设计中应用。从系统工程和安全工程的角度,以及工艺因素对直升机结构疲劳强度影响等角度考虑,直升机装配方法有了新的发展。

2.8.1　装配工艺因素对直升机结构疲劳寿命的影响

随着直升机性能的不断提高和直升机使用寿命的不断延长,疲劳问题越发突出,引起技术人员的高度关注。防止直升机结构疲劳破损的问题不仅是结构设计人员的责任,而是设计人员、工艺人员、使用维护人员共同的责任。

疲劳是指金属在一定使用期限内受交变载荷作用而破坏的特性。应力集中、腐蚀和温度等因素对材料的静力强度和疲劳强度都有影响,但影响的情况和程度不同。材料选择不当、热处理不当、加工表面状态不当或是装配过程中的表面状态不当、装配连接产生的内应力都是过早产生疲劳裂纹和零件破裂的主要原因,这时零构件的疲劳寿命会大幅降低。

不同的铆接方法具有不同的疲劳寿命。干涉配合比松孔配合的机械连接接头疲劳寿命高 2 倍以上。对于无头铆钉干涉配合,铆接过程中由于钉杆均匀墩粗在孔中产生过盈,从而对孔壁造成径向挤压应力和支持效应,使得无头铆钉干涉配合具有较高的疲劳寿命。干涉量太低或太高都会降低疲劳寿命,对于不同的结构,提高疲劳寿命的干涉量最佳值没有确切的规定,它可能在 0.6%～3.2% 之间变动,常用的数值是 0.8%～2.0%。当干涉量达到 3.6% 以上时,孔壁附近过大的拉应力和应力腐蚀易产生裂纹,会降低疲劳寿命。一般来说,采用不变形连接件(连接件本身强度比结构材料更高)时,干涉量可以小一些,而变形连接件干涉量要大一些,例如用塑性较好的材料制的铆钉。装配时,孔应除去毛刺,避免刮痕和划伤。为使配合面能正确固定,避免过度摩擦并保护配合面,在螺纹紧固件内加入适当的润滑剂,可提高疲劳寿命。

2.8.2　装配和检验工作的自动化

装配技术工作的内容包括装配工作、安装工作和调整工作。装配工作是将零件装配成部件,再装配成机体。安装工作是将各种装置和特种设备安装到直升机上的工作。装配工作和安装工作需要满足技术条件的要求,保证准确的位置及相互关系,因此要进行调整试验工作。在装配工作中,现阶段由于铆接工作量很大,为了提高生产效率、劳动条件和铆接质量,因此不断地提高铆接的机械化、自动化程度。从 20 世纪 50 年代初期在直升机制造业中就使用各种压铆机,并不断改进和完善。在汽车制造中,机器人用于点焊、喷漆和传送工件等工作,在技术上已经成熟。实践证明,在大批量生产时,机器人产生的效果最大,而由于直升机制造具有多品种、小批量的特点,受到产品结构复杂、精度要求高等因素的限制,机器人的应用比较缓慢。

在现代直升机上,系统和设备很复杂,包括:发动机、燃油和滑油系统;冷气、液压系统的导管、附件与设备;直升机操纵系统;电气、雷达、仪表设备;特种设备及军械系统等。目前这些系统的检验工作大多是手工进行,工作量大,费工、费时,研究人员正在寻求按系统工程、安全工程的方法来安装各系统,采用机械化和自动化的检验方法来提高装配检验工作的质量和效率。

2.8.3　数字化测量场与机身装配状态监测

依托激光跟踪仪、T-SCAN、T-PROBE、三维扫描、摄影测量、激光间隙枪和 IGPS 系统等设备建立测量场,进行点、线、面、体等实测特征的三维重建,从而进行形变分析和工艺优化等,实现装配中每个阶段数据的过程控制和装配数据的实时数字化传递,对结果进行预判和指导,大大提高装配的质量和效率。

通过对模型仿真技术、信息采集感知技术及产品和状态监控技术等进行研究,突破直升机弱刚性模块对接装配过程中关键组件状态的实时监控,并打通装配生产过程数据采集布控、处理及集成分析主通道,构建直升机机身装配状态监测集中管控平台,在数字化虚拟空间实现装配过程的工装状态数据、现场环境能源数据、人员信息、质量数据、设备件寿命预估数据等信息的集成、联通、状态实时可视及集中管控。

2.8.4　数智化装配工艺设计

数智化装配工艺设计是根据航空产品设计制造一体化管控需求而开发的工艺设计,从产品设计、工艺设计、工艺仿真、工艺指令快速生成、制造瓶颈分析等方面实现产品型号的总体设计、整机集成装配测试至试飞验证一体化管控,同时建立标准化的数据汇聚和访问接口,为智能排产、物流跟踪与追溯、生产线数据采集和动态监控提供平台基础,为科研型号的并行设计工程奠定基础。根据航空产品装配制造流程,从容差分配、金属/复材等多种材质产品及工装一体化数字装配仿真、生产线生产节拍仿真、生产线自动化物流规划和仿真等多方向入手,实现产品研制阶段的虚拟生产运营,提前识别设计问题、工艺难点等关键信息,提升生产线整体设计水平,提高型号研制效率和质量。

2.8.5　机器视觉技术应用

将机器视觉技术应用于直升机产品的生产制造,提升部件装配的智能化程度,典型应用场景包括自动化生产线上的产品质量、缺陷检测,尺寸公差测量,大部件产品定位对接。研究基于视觉系统和机器学习的环境感知关键技术,使工业机器人具备实时观测作业场景的能力,能够更加智能地完成产品、元件和零部件等目标物体的测量、检测、识别与引导加工装配等作业任务。基于机器视觉的三维测量技术主要研究通过引入视点规划、点云配准等关键技术,提高精准度和自主化程度,满足航空产品的生产制造需求,典型应用场景包括工件产品的尺寸测量、表面测量、坐标测量等。通过研究虚拟现实(virtual reality,VR)/增强现实(augmented reality,AR)/混合现象(mixed reality,MR)现实技术在人工参与度高的总装集成装配过程中的应用,包括沉浸式装配培训与实操一体化、基于增强投影的装配信息可视化引导等,实现装配工艺流程快速、准确传达,使装配人员在装配过程中获得更直观的工艺、工序、物料等信息,智能化辅助检查防差错,提高现场装配效率及质量,杜绝错装、漏装问题,解决人为因素造成的安全隐患,推动公司制造智能化转型。

2.8.6　数字孪生技术应用

递进研究数字孪生在装备级、站位级、生产线级和车间级数智化装配中的应用,装备级和站位级应用侧重技术提升层面,生产线级和车间级侧重管理决策层面,如实现装备级的健康状态监测、装配状态预警及辅助调整功能,产线及车间级的实时可视化数字资产管理、生产预测/决策管理等,为未来基于数据的科学决策与动态优化、基于 AI 的主动学习和持续优化的智能化车间奠定基础。建设数据驱动的产线集成智能排产调度,开展基于图神经网络的加工时间预测方法应用于直升机总装集成生产线,对关键的加工时间参数计算方法进行学习,建立更合理和有一定预测特征的总装集成生产线的生产运行模型,将具有高度可信性和准确性的预测数据提供给排产和资源动态调度算法使用,使求解结果更符合实际生产情况和快速精准应对现场的扰动,增加排产与资源动态配置的鲁棒性和合理性。

第3章

直升机总装集成制造技术

3.1 概　　述

3.1.1　直升机总装集成的工作内容

直升机总装集成是部件装配过程的延续,也是直升机装配工作的最后阶段。直升机总装集成的任务是根据图纸、技术条件、生产使用说明书的规定和要求,将部件装配车间的各段件、部件对接成完整的直升机,将各厂提供的发动机、仪表、设备和附件等安装在直升机上,利用导管、电缆和拉杆等连接成系统,对系统进行调整、试验和检验。最后将直升机送入试飞车间进行地面和空中试飞。

本节对直升机总装集成的主要工作进行介绍。

(1)直升机机体部件对接及水平测量。

参与对接的部件包括机身各段、平尾、旋翼,通过水平测量调整和检验各部件间的相对位置。

(2)功能装置的安装、调整。

保证直升机产生飞行动力的装置(包括辅助动力装置)安装及保证直升机起

降、滑行、停放的起落架装置的安装与调整。

（3）功能系统的安装。

功能系统的安装包括保证直升机正常飞行的各种飞行功能系统的安装，如操作系统、液压系统、燃油系统、环控系统、导航系统、电源系统和各种飞行仪表等，还包括满足直升机各种使用功能的系统安装，如武器系统、火控系统、救生系统、生活设施和各种特殊用途的功能系统。

（4）各功能系统和装置的调试、试验及检测。

调试和试验即功能系统和装置能完全满足各自的使用要求和质量要求。具体来说，就是对这些系统和装置的压力、时间、行程、电阻、电流和电压等进行测量，以及对收放、开关、通断、告警、搜索、瞄准和发射等有关飞行和任务功能进行试验。

每一个系统的结构、技术要求和工艺方法有很大差别，因此在生产过程中不仅采用的工艺复杂多样，还必须配置各种不同专业的技术人员和工人。总装集成工作量的大小取决于直升机类型、结构形式、工艺方案、装配方法和生产组织等因素，在直升机总装集成阶段可完成全部安装工作。在直升机制造中，特别是在批量生产中，不能待机体各部件完全装配、对接以后才开始进行安装工作，也不能逐个系统顺序地安装。若存在以上两种情况，不仅安装工作周期长，而且工作条件差，会造成无法安装或不易保障安装质量。先安装的系统可能会妨碍后面的安装工作，后面的安装工作又可能会损坏先前安装好的系统，因此要根据直升机结构，妥善安排安装工作的先后顺序。

3.1.2　直升机总装集成的特点

1.工作开敞性差、工作集中、劳动量大

手工操作、集体作业是直升机总装集成作业的基本方法，目前国内仅部分工厂采用机器人进行机翼和机身对接工作，但自动化、智能化仍是发展的方向。直升机驾驶舱、客舱、发动机舱和设备舱部位空间有限，而需要安装的设备很多、很复杂，有些部位只能一人工作，工作姿态很受限，这些因素会影响安装质量，增加装配周期，因此应尽量扩大地面装配工作，并将安装工作分散进行。根据直升机结构特点和系统的技术要求，将分散安装和集中安装合理结合。例如，对于电气

线路,可制出相应位置的布线样板,同部位的导线根据布线样板进行布线和集束装配,将仪表盘、配电盘、操纵台和继电器盒等先在地面组合和试验,将液压、冷却系统的部件附件和导管预先组合、固定在固定板上,然后进行局部的调整和试验。安装时仅将固定板装上直升机,接通管路,这样许多附件、导管不用在直升机上一个一个地进行安装,简化了直升机的安装工作。

2. 专业性强、科技含量高、多学科交叉

直升机总装集成是直升机高科技、多专业属性的集中反映。直升机总装集成设计的工种多、专业性强,而且专业间接口多、交叉多、综合程度高、技术复杂,要由不同专业的人员共同完成系统的安装、调试、检测和联试工作。

3. 协调关系复杂

协调关系复杂是直升机总装集成的技术难点。为技术协调问题,可利用制造金属的工程样机和功能样机或采用三维的计算机辅助设计来解决图样的空间协调问题。直升机总装集成的安装依据是图纸和技术条件,由于直升机结构应充分利用机内有限空间,管路、线路及各种附件等的布置很少,并且设计在同一个平面内,安装图纸难以表达这种空间的复杂关系,因此图纸往往是原理图或半安装图,安装工作还要将样机作为安装的补充依据。样机是根据设计和制造的需要而制造的直升机部件、段件或整机的全尺寸模型,在样机上根据实际结构完成各系统的安装,经设计部门、检验部门和使用单位审查、鉴定,样机对安装工作的顺利进行十分有利。目前,直升机设计普遍应用 CAD/CAM 技术,其系统设计、设备和管路布置均在计算机上进行,导管的空间位置、导管与结构间的间隙可以明确给出,进一步加快试制批量生产的速度,保障直升机设计和制造的质量。

4. 工序的顺序性强

为避免安装工作的互相干扰,一般按照从内到外的顺序层层敷设。系统试验也存在顺序的安排问题,例如,首先进行电气系统通电试验,保障机上供电,然后才能进行其他系统的试验;在液压系统试验后,保证机上液压系统工作,才能进行操作系统的调整试验。

5. 功能检查和调试工作量大

功能调试是直升机总装集成的重点,功能调试的工作量非常大。系统功能

调试是对系统装配质量的总检验,调试的某些差错或疏忽可能会造成重大事故。由于直升机上安装的系统很多,检查试验要求不同,为避免互相干扰影响工作,一般不安排几个系统同时工作,例如军械系统校靶、操作系统调整、直升机水平测量等工作时不允许直升机同时进行其他工作。

6. 完整性要求高、容错率为零

高完整性是直升机总装集成的基本要求,容错率为零,不能漏装和错装任何一个装配元件,也不能漏测、漏检、错检任何一个性能参数,否则可能危及系统的使用功能,甚至危及系统的使用安全。严格检验、严格操作是确保直升机高质量、高可靠性的重要依据。

3.1.3　直升机总装集成的工作过程

基于上述原因,直升机总装集成过程难以实现机械化并提高生产率,工作量一般占直升机制造总工作量的 8%～15%,周期占比更大,可达 20%。此外,直升机总装集成占用的生产面积大,要求使用跨度较大的厂房,因此如何减少总装集成装配工作量,有节奏地进行装配工作,是总装集成工作中的要点。

在批量生产过程中,直升机总装集成采用流水生产的组织形式。在总装集成时,机身基准部位沿流水线移动,其他部件、系统、设备、附件在总装集成的不同阶段安装在直升机上,然后进行调整和试验,最后总装集成出整架直升机。为节省总装集成占用的生产面积,在布置流水线时应认真考虑直升机的安排方案。

在总装集成工作中,必须在机上安装调试的工作称为装配站位工作;不在机上安装调试的工作(各种准备及组合工作)称为工作台工作。流水作业的基础是安装、调试工作的节奏化,因此组织流水生产就是将机体对接及安装、调试等工作划分成许多工序,然后依据直升机结构将必须在机上进行的工作的若干工序组合成一个任务,完成该任务的时间应等于或成倍于流水线生产的节奏时间,这个任务就是装配站位工作的内容,节奏时间是流水线上连续生产两架直升机的时间间隔。

需要指出的是,由于直升机结构的特点,其上每一个系统往往不是在一个装配站位上完全安装上的,而是分散在流水线上在几个装配站位上陆续安装上的,可见组织直升机总装集成的流水作业是极为复杂的技术工作。为减少直升机总装集成工作量和缩短直升机总装集成周期,应尽可能地把总装集成工作安排在部件阶段完成,在编制总装集成工作的流水作业时,应尽可能地把总装集成工作安装在工作台上完成。

3.1.4　总装集成生产线

目前大批量生产中广泛采用自动化生产线来提高工作生产率、稳定性和产品质量,提升工作条件,缩减生产占地面积,降低生产成本,缩短生产周期,以保证生产均衡性。

广义的生产线是指配置有操作工人或工业机器人的机械系统,能够按顺序完成设定的生产流程的作业线,涉及从原料进入生产现场,经过加工、运送、装配和检验等一系列生产活动。

装配生产线是以产品为对象,完成其工艺过程的一种生产组织形式,即按产品专业化原则,配备装配某种产品所需要的各种工装、设备和工人,负责完成某种产品的部装或总装集成的全部装配工作,对相同类型的产品对象进行不同工艺加工的生产组织和生产布局。

在装配生产线中,工作按产品装配工艺路线的先后顺序排列,其功能是使加工对象按规定的速度在不同的装配站位上流转,逐步将零件装配成组件、段件、部件,再将大部件总装集成成整机,是一种流水式的生产组织形式。

现代直升机总装集成生产线主要有移动式和脉动式两种。

3.2　直升机功能装置安装与调整

3.2.1　大部件连接

总装第一道工序为机体结构与尾部结构对接。

机体结构与尾部结构在后机身 10 框处进行对接。机体结构 10 框与尾部结构 1 框通过 2 个 $\phi6$ mm 导向销进行定位,通过 28 个 M8 mm 螺栓配合托板螺母(尾部结构 1 框处)进行连接,图 3.1 所示为机体结构 10 框销孔及螺栓孔要求。机体结构 10 框与尾部结构 1 框的导向销孔、连接孔数字量协调。机体结构 10 框

2个 $\phi6$ mm 导向销孔、28个 $\phi8.2$ mm 螺栓安装孔终孔在机身总装型架钻模制出；尾部结构2个 $\phi6$ mm 导向销孔、28个 $\phi8.2$ mm 螺栓安装孔终孔用尾部装配夹具钻模制出，如图3.1所示。

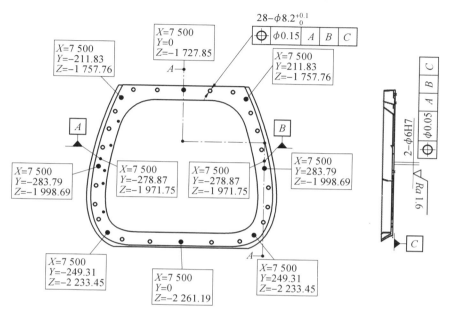

图 3.1　机体结构10框销孔及螺栓孔要求(mm)

当机体结构与尾部结构对接时，固定机体结构托车，调整尾部结构托车，将尾部结构1框导向销与机体结构10框的导向销孔配合，贴合对合面。安装周围的连接螺栓8处后，检查对接面间隙不大于0.6 mm，记录机身与尾梁对接处的蒙皮外形阶差。分离机身与尾梁，在贴合面涂密封胶，再次对合完成螺栓定力安装。

所需工装：千斤顶、转接头、顶升接头工艺件(均可沿用)、尾部托架。

3.2.2　平尾安装

平尾为全复合材料单梁盒式结构，通过螺栓与尾梁鱼形口壁板进行连接。通过侧端肋上的螺桩与侧端板进行连接。平尾穿进涵道前缘锥体鱼形口内，使平尾的安装孔与鱼形口的安装孔对正，完成螺栓定力安装。检查水平安定面与鱼形口的装配间隙，鱼形口垫片与水平安定面上翼面垫片间隙不大于0.3 mm；

水平尾翼与鱼形口间的上间隙不小于 1.4 mm,下间隙不小于 3.1 mm,如图 3.2 所示。

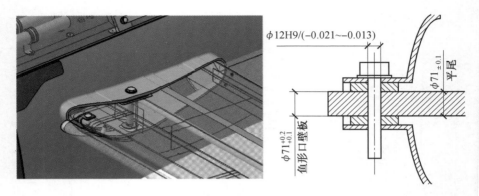

图 3.2 尾梁、平尾安装结构及接口尺寸示意图(mm)

侧端板通过平尾外接头与平尾连接,检查平尾与侧端板间隙满足(2±1)mm 后,完成螺栓定力安装。采用局部样件协调涵道—鱼形口装配孔钻模及装配家具、平尾衬套胶结工装,保证尾部鱼形口与平尾的装配孔孔位,在零件车间完成尾部结构与平尾预连接后,检查水平安定面与鱼形口螺栓安装及装配间隙。

3.2.3 动力系统

动力系统向直升机提供动力来源,并可为直升机环控系统提供高温、高压气源,发动机采用空气起动机启动。辅助动力装置主要为空气起动机提供气源,也可驱动交流发电机提供应急电源。以 H425 型直升机为例,其动力系统包括发动机、发动机控制系统、发动机连接件、启动发电机安装组件、发动机座架组件、进气系统、排气系统、发动机排砂管路、动力舱冷却系统、发动机余油排放系统和发动机清洗系统(选装),如图 3.3 所示。除发动机余油排放系统分布在发动机平台和主减平台以外,其他部件均分布在发动机平台和主减平台。

1. 发动机安装

如图 3.3 所示,发动机(Arriel2H)沿用 H425-100 机型,并列安装在主减速器后的两个独立的动力舱内,发动机前安装节与动力轴外套筒(属于传动系统)相连。在后安装节处,左右两侧通过连杆和三根撑杆支撑。撑杆上端带关节轴承与安装在发动机上的连杆相连,下端带关节轴承与底座铰支安装,为主安装

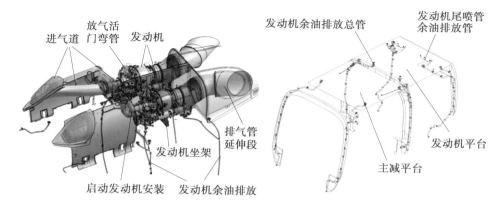

图 3.3　H425 型直升机动力系统布置图

架。发动机底部通过两根连杆铰式支撑到动力平台的底座上,连杆与底座的连接螺栓和孔之间有足够的安装间隙,为辅助安装架。

发动机安装装配前期准备工作如下。

(1)发动机地面组立完成。

(2)将机体结构使用千斤顶顶起,使起落架脱离地面。

(3)进行发动机启动空气管路、供油管路安装、排放与清洗管路安装。

(4)使用发动机校准工装,检查发动机动力轴输出端与主减动力轴输入端同轴度;通过改变底座下方可剥垫片的厚度,保证发动机与主减安装同轴度在 4′以内。

发动机安装装配要求如下。

(1)将动力轴及套筒与发动机连接。

(2)安装发动机吊挂工装,进行发动机吊装。

(3)使发动机悬停在待安装位置,手动调整发动机位置,依次安装内侧撑杆、外侧撑杆、抗坠毁辅助安装架。

(4)将动力轴及套筒与主减输入端连接。

2. 辅助动力装置安装

辅助动力装置主要为空气起动机提供气源,也可驱动交流发电机提供应急电源,辅助动力装置装配单元组成见表 3.1。

表 3.1　辅助动力装置装配单元组成

序号	装配单元名称
1	APU 安装
2	APU 排放
3	APU 控制
4	APU 排气

直升机辅助动力装置通常由蓄压器启动,能够提供高温高压气源,用于发动机的启动和驾驶舱环控系统的加温,同时输出轴功率驱动发电机为直升机地面维护和空中应急提供电源。

辅助动力装置(auxiliary power unit,APU)的高温段周围用防护隔板与其他部分隔离,隔板前端用快卸箍带固定在 APU 上,右侧通过螺栓与结构防火墙连接,上部装有密封圈,与整流罩贴合。

在 APU 底部有 3 个安装点:2 个在前,1 个在后。机上采用刚性安装的方式,前部 2 个前支架与 APU 的前安装凸耳通过螺栓连接,用于 APU 定位;后部 1 个后支架接头与 APU 的后安装凸耳通过螺栓连接。在拆装 APU 时,后支架接头还可允许 APU 在其上沿轴线方向滑移。

3. 发动机通电检查

连接发动机控制系统试验器,依据输入和响应关系检测发动机功率状态控制、训练模式转换、电子控制器电源开关控制、假起动控制、冷转控制、配平控制和应急停车控制等功能。利用试验器对单发训练、双发配平、转速控制、超转检查和刹车连锁等控制功能进行检查。利用试验器对 1 号电调单发停车、主发超温、发滑温高、发滑压低、发燃压低和发金属屑等告警功能进行检查。

4. 辅助动力装置通电检查

连接 APU 控制系统试验器,依据输入和响应关系检测 APU 发动机启动、停止控制,旋翼刹车联锁/解锁,电子顺序控制器供电,电子顺序控制器控制功能和电子顺序控制器告警等功能进行检查。

3.2.4　着陆系统

直升机起落架主要用于吸收直升机着陆时的能量,传递地面载荷,满足直升机坠毁能量全部吸收的要求,在地面支撑直升机并满足直升机滑行、滑跑、刹车、牵引和转弯等地面机动要求。着陆系统主要包括主起落架、着陆系统特设试验,图 3.4 所示为直升机滑橇起落架。

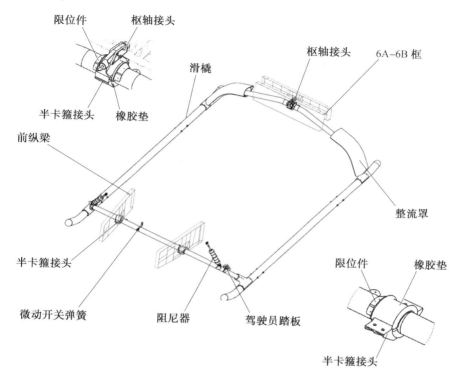

图 3.4　直升机滑橇起落架

滑橇起落架主要由前横梁、后横梁及 2 根滑橇通过鞍形接头装配而成。滑橇起落架通过 3 个安装点固定在机身底部结构,前 2 个安装点安装在机身底部结构 3A 框前纵梁上,后 1 个安装点安装在机身底部结构 6A－6B 框底部中心位置。

机体、起落架的安装接口采用数字量协调。机身侧起落架前、后安装点的位置随前机身、后机身架内对接后确定。机身下架后,测量起落架前部卡箍接头安装孔(或轴线)、后部枢轴接头安装面(6A 或 6B 衬套面)的相对位置,并记录,机身侧起落架前、后安装点如图 3.5 所示。

在部装阶段,完成起落架结构与机体结构的装配,安装驾驶员踏板,配制上整流罩 14－φ5.5 mm 与下整流罩 14－φ5.2 mm 装配孔终孔。按机身阻尼器接头位置配装起落架阻尼器接头,安装阻尼器,如图3.6所示。

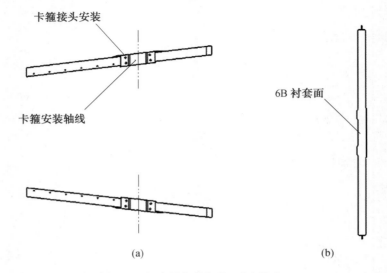

图 3.5　机身侧起落架前、后安装点

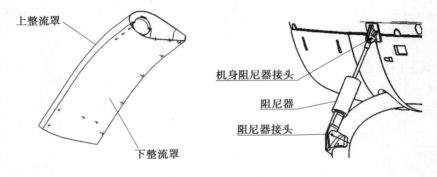

图 3.6　起落架示意图

3.3　直升机功能系统的安装

3.3.1　传动系统

1.传动系统组成

直升机传动系统是发动机向主旋翼、尾翼和各附件提供转速和扭矩的唯一途径,其性能直接影响直升机的安全性、可靠性和先进性。直升机传动系统的功能是将发动机的功率按一定的比例传送至主旋翼、尾翼和各附件,同时承受发动机、主旋翼和尾桨带来的复杂载荷。与其他装备上的传动系统相比,直升机传动系统具有输入转速高、减速比大、传递功率与质量比高和传动效率高等特点。

直升机的传动轴系统在新机出厂前、大修后或更换传动轴组件后,均需进行传动轴系统校准工作。直升机飞行时,传动轴高速旋转,如果同轴度超出范围,会导致传动轴在工作时振动量过大,使挠性联轴节产生疲劳损伤,很容易造成传动轴断裂的严重事故,直接威胁飞行安全。保证传动轴安装精度,对直升机的性能有直接影响。

传动系统主要由主减速器、尾减速器、动力传动轴组件、尾传动轴组件组成。

动力传动轴组件主要包括动力传动轴、连接轴套组件及连接紧固件等,分为左动力轴组件和右动力轴组件。动力传动轴为发动机和主减速器的连接轴,将发动机的功率传递给主减速器,动力传动轴一端与发动机壳体固定,另一端与输入单元体连接,连接轴套作为发动机的前支点,传递扭矩以外的其他载荷。

尾传动轴组件由尾传动轴、膜片联轴节、连接紧固件等组成,其中膜片联轴节用以补偿安装及飞行过程中的偏角和位移。

旋翼传动主体位于主减速器平台上部的主减速器舱中,如图 3.7 所示。主减速器由 4 根主减速器撑杆支撑,底部与悬挂组件连接。旋翼刹车手柄位于驾驶舱顶棚前部,通过操纵钢索与主减速器上的旋翼刹车装置连接。

尾桨传动位于机身后部、机身与尾部结构平台上,尾传动轴由前、中和后三段轴组成,前段轴与中段轴通过膜片联轴节连接,中段轴与后段轴通过法兰盘连接。尾传动轴上有 5 个轴承支座与机体轴承支座对接,其中 1、2 号轴承支座在机身段平台上,3、4、5 号轴承支座在尾部结构平台上。尾减速器安装在涵道连接管上,通过尾减速器轴套与涵道内环连接。

2. 传动系统原理

直升机工作时,发动机输出功率后带动主减速器运转,主减速器通过内部齿轮组的减速后,将扭转力矩传递给主旋翼和尾传动轴输出端法兰盘。

主旋翼是直升机主要动力源,通过发动机传递来的扭矩实现旋翼旋转,在旋翼旋转的同时,利用自动倾斜器的上、下移动和角度倾斜来实现主桨叶攻角的改

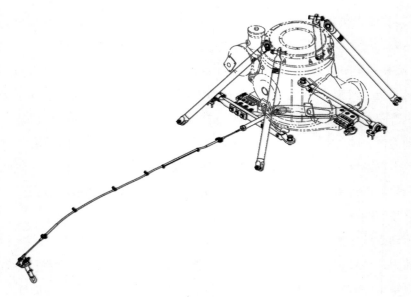

图 3.7　旋翼传动主体

变,从而实现旋翼升力和操纵力的方向改变,提供直升机飞行所需的升力,同时提供直升机动力飞行所需操纵力。

尾传动轴输出端法兰盘将扭转力矩输出至尾传动轴组件,尾传动轴轴系由前至后依次由1根尾传动轴通过挠性联轴节带动尾传动后轴组件,将扭转力矩传递至中减速器,然后再通过中减速器减速和换向后传递至尾斜轴组件,再传递至尾减速器,通过尾减速器减速和换向将扭转力矩传递至尾桨毂和尾桨叶。从而实现尾桨平衡主桨毂和主桨叶旋转所产生的反力矩,实现航向运动。

3.传动系统安装

尾水平传动轴的前端与主减输出端连接,后端与中减输入端连接。第2段轴上集成有主减速器滑油散热器,刚性支承座与折叠轴离合器安装在尾水平的第3段轴与中间减速器之间。尾斜轴连接中间减速器输出端及尾减速器输入端。传动轴与减速器、各段轴与轴之间均通过膜片连接,传动轴上装有轴承,传动轴轴承(带法兰)安装在传动轴支架上,如图3.8所示。

传动轴支架分为上、下两部分,下部为固定支架与机身连接,上部为可调支架与传动轴轴承凸缘连接。可调支架与固定支架之间采用铆钉连接。

系统结构装配方法由零件、部装车间完成主减速器撑杆接头、主减速器悬挂

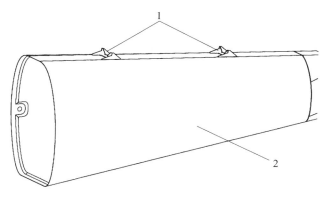

图 3.8　尾传动轴支座示意图
1—传动轴支架；2—尾梁

组件接头安装及尾传动轴（固定）轴承支座铆接工作。在总装集成阶段，机身大部件连接后进行系统的结构装配。先主减速器与主桨毂地面组立，在机上依次进行主减速器组件安装、发动机校直、发动机安装，完成旋翼传动系统的机上安装；在涵道尾减管处安装尾减速器和工艺尾桨，进行尾减速器的装配。通过使用偏心衬套及垫片，调整尾减速器的安装位置，保证工艺尾桨桨尖与涵道内径间隙；用工艺轴套连接垂尾涵道与尾减速器，进行尾轴校准及垂直度检查，调整（活动）轴承支座及尾减速器的位置，换装尾减速器轴套，完成尾减速器安装；最后完成尾传动轴的安装及调整。使用工装测量检查第 2 段和第 3 段传动轴，传动轴的同轴度误差应不大于 $6'$。

所需工装：主减速器地面组立托架、主减速器吊挂、工艺尾桨、工艺轴套。

4. 传动轴同轴度校准

由于尾传动轴较长，其安装在直升机尾梁及尾斜梁上，与机身结构协调交点多，同时连接主减速器、中间减速器、尾减速器等部件。这些传动轴线上的零件在安装时，要使轴线重合，这样才能保证运动时各零件、组件受力均衡，排除因轴向不对中或角向不对中产生的抗阻力引发的零件损坏。

在同轴度校准过程中对各柔性联轴节同轴度进行测量，通过调整与挠性联轴节相连的减速器位置、传动轴支座下方可剥垫片的厚度或传动轴支座调整板的安装位置，实现对传动轴两端柔性联轴节膜片相对位置的调整，从而实现传动轴同轴度符合的设计要求。保证轴系在运转时的振动状态处于允许的范围内，同时提高膜片联轴节的使用寿命。

传动系统的跳动量是指传动轴法兰盘的跳动,当传动轴安装在理想状态下,转动尾传动轴时,传动轴法兰盘上的三点完全在同一旋转面上,即跳动量等于零,当尾传动轴高速旋转时,尾传动轴上每个点的离心力合力为零,尾传动轴平稳运转,但理想状态通常不存在,法兰盘始终存在跳动量,在安装过程中,跳动量需调整至规定的范围内。如果跳动量过大,根据离心力公式 $F = mw^2r$ 可知,跳动量越大,不平衡离心力就越大,当尾传动轴高速运转时,这个离心力也随着传动轴旋转,使尾传动轴产生振动,严重时可能损坏尾传动轴支座或挠性联轴节,甚至损坏尾传动轴,影响直升机安全,从而造成严重安全事故,只有同轴度符合要求时直升机才能用于飞行。

5. 主减速器—发动机校直

校直采用光学观测仪配合校准工装进行。将校准工装安装在发动机支架上,观测仪安装在主减速器输入端,观察观测仪中心与校准工装靶心的相对位置(应满足 $\phi9$ mm 范围内);然后调换观测仪与校准工装安装位置,继续观测(应满足 $\phi20$ mm 范围内)。

所需设备/工装:光学观测仪(可沿用)/校直工装。

6. 尾轴校准及垂直度检查

校准方法及要求为采用光学观测仪配合校准盘。以主减输出端、4 号轴承支座为基准,将观测仪安装到 4 号轴承支座上,调整观测仪,瞄准主减输出端校准盘靶心,确定尾传动轴轴系、轴线;依次将校准盘对应放置在 1、2、3、5 号轴承支座及尾输出端,观察观测仪中心与校准盘相对位置,并使用各轴承支座上自带的可剥垫片按实际脱靶位置进行组合调整,保证靶标进入要求象限内,如图 3.9 所示。

垂直度检查方法及要求:采用象限仪分别检查 1、2、3、4、5 号轴承支座与尾梁的理论轴线的垂直度($90°\pm30'$)。

所需设备/工装:象限仪/支架工装(均可沿用)。

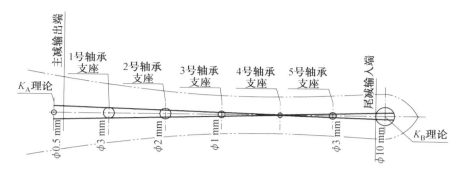

图 3.9　尾传动轴校准示意图

3.3.2　滑油系统

直升机滑油系统包括发动机滑油系统和主减速器滑油系统,主要分布区域为主减速器舱、发动机舱内,能够对发动机和主减滑油的温度、压力进行指示,并在滑油温度、压力不符合标准时发出告警信息。此外,滑油系统还具备对滑油中金属屑进行在线烧蚀及报警功能,如图 3.10 所示。

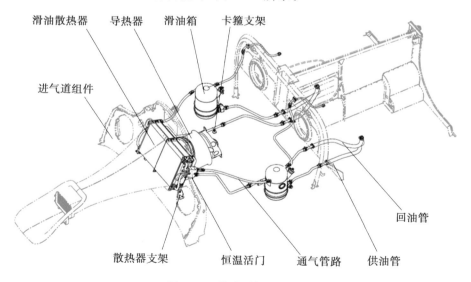

图 3.10　滑油系统结构图

零件车间、部装车间完成系统成品机体结构侧的安装孔制孔及系统卡箍支架与机体结构铆接工作。在主减速器、发动机安装后进行系统的结构装配,先安装进气道组件,再安装散热器,并配制散热器支架与散热器框架,如图 3.11 中机身 4 框的安装孔所示。安装滑油箱,进行管路敷设、连接。在配制散热器支架与散热器框架、机身 4 框的安装孔前,应先保证滑油散热器整流罩、主减速器固定整流罩与进气道组件正确连接。

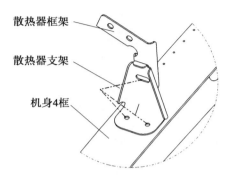

散热器框架

散热器支架

机身4框

图 3.11   散热器支架

3.3.3   燃油系统

1. 燃油系统装配

燃油系统主要包括储油分系统、供油分系统、输油分系统、测量分系统、控制指示分系统、油箱通气分系统、油箱舱通气分系统及选装的辅助油箱分系统和应急放油分系统,燃油系统结构如图 3.12 所示。储油系统(前储油箱、左供油箱、右供油箱和后储油箱)安装在客舱地板下 3A~6A 框间;供油管路沿 X4630 框布置,穿过主减速器平台、防火墙后通向发动机;输油系统安装在左、右供油箱内;油箱通气系统中,前部油箱通气管路沿 3 框向上并穿过客舱顶棚,后部通气管路经过膨胀箱至机体出口,如图 3.13 所示。

燃油系统通过增压泵将油箱中的燃油供给发动机。前、后储油箱内的燃油通过安装在左中、右中油箱的引射泵分别向左中、右中油箱输油,转输泵可实现左、右供油箱间输油。油箱中的剩余燃油量通过油量传感器和低液面开关进行测量。油箱通气系统通过管路将各油箱与膨胀油箱相连通,膨胀油箱通向大气。

燃油箱支架由零件车间、部装车间完成系统成品、支架、出气口、重力加油口、管路卡箍在机体结构侧的安装孔制孔及系统油箱挂环、卡箍支架、角片(支座)与机体结构的铆接工作。系统安装前,先进行油箱地面组立,完成油箱内附件板、输油软管、供油软管的连接;在机上完成左供油管路、右供油管路、前通气

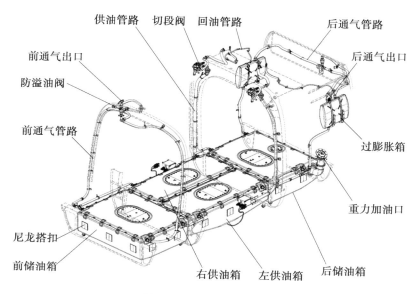

供油管路　切段阀　回油管路　后通气管路
前通气出口
防溢油阀
后通气出口
前通气管路
过膨胀箱
尼龙搭扣
重力加油口
前储油箱
右供油箱　左供油箱　后储油箱

图 3.12　燃油系统结构

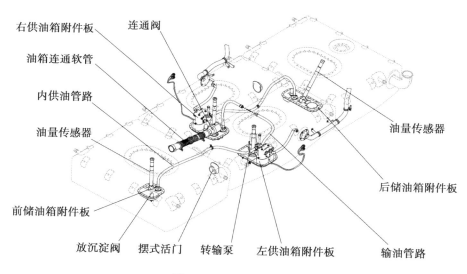

右供油箱附件板　连通阀
油箱连通软管
内供油管路
油量传感器
油量传感器
后储油箱附件板
前储油箱附件板
放沉淀阀　摆式活门　转输泵　左供油箱附件板　输油管路

图 3.13　油箱内部结构

管路、后通气管路及管路支架、过膨胀箱、切断阀等油箱外部管路系统安装，并依次进行管路系统气密性试验；然后进行油箱安装，将前、左、右、后油箱组件放入油箱舱中，调整油箱组件在油箱舱中位置，完成尼龙搭扣安装；安装转输管路，进行转输管路气密性试验；完成油箱之间的其余连通管、固定卡箍、摆式活门等组件安装。

2. 燃油系统气密性和通电检查

燃油系统安装完成后首先需要进行燃油系统气密性试验。然后研制燃油系统试验器，用模拟器对燃油泵和燃油压力传感器电路进行检查，以及对机电控制显示器的燃油压力数值显示的准确性、供油压力低等相关故障信息的告警功能进行验证；对燃油测量装置供电线路进行检查，以及对机电控制显示器和告警灯盒上油位高低等相关故障信息的告警功能进行验证；在正常供电、应急供电及左、右交叉输油约束功能情况下，试验器上的指示灯亮、灭状态及左、右供油选择阀状态应满足开关控制的逻辑。对转输泵电路、APU 燃油切断阀电路进行检查，以及对机电控制显示器的燃油传输状态进行验证。

3.3.4 液压系统

1. 液压系统安装

液压系统包括左主液压系统、右主液压系统、应急液压系统、APU 气动液压系统、液压排放系统、液压油加油系统、机轮刹车液压系统和旋翼刹车液压系统。液压系统与机电综合管理系统、告警系统、飞行参数记录系统信息交联。液压系统信号与告警系统、飞参记录系统的信息通过机电综合管理系统进行采集、判断、处理后传输，同时液压系统主系统压力信号同步单独送入飞参记录系统。告警系统包括告警灯盒、位于大屏触摸显示器的故障信息清单、机电主画面和机电—液压画面组成。其中，告警灯盒上有 4 个液压系统相关告警灯，分别为左液压压力低、左液压液面低、右液压压力低、右液压液面低；机电主画面以柱状条的形式显示左液压压力和右液压压力。

液压系统位于机身上部，分为主助力器段和尾助力器段。其中，主助力器段从液压集成模块沿主减速器壳体与主助力器连接；尾助力器段从液压集成模块沿机身上平台内侧框梁通道、尾部平台上传动轴通道与尾助力器连接。液压系统结构如图 3.14 所示，液压系统分为左系统、右系统两套子系统。左系统包含电动泵，用于给操纵系统地面调整供压；右系统包含尾伺服切断阀，用于切断右系统对尾助力器的供油。两套子系统相互独立，均可单独实现对主助力器和尾助力器提供液压动力，并且其中一套子系统故障时不会对另一套系统产生不利影响。

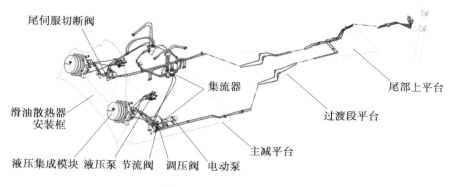

图 3.14 液压系统结构

由零件车间、部装车间完成系统成品,支架、卡箍在机体结构侧的安装孔制孔及系统卡箍支架与机体结构铆接工作。在主减速器、发动机、尾减速器成品安装调试后进行系统的结构装配,先进行液压集成模块、集流器、卡箍、(过渡段平台处)管接头安装,再进行管路敷设、连接。在安装液压集成模块成品前,应保证滑油散热器安装框处于稳定状态,即完成滑油散热器进气道、滑油散热器安装框及滑油散热器组的装配。

2. 液压试验

系统安装完成后需要进行以下试验与检查。

(1)系统注油与排气。

(2)系统清洗。

(3)系统试验(耐压、操纵等)。

(4)机轮刹车系统试验。

(5)旋翼刹车系统试验。

(6)液压油污染度检查。

3. 液压通电试验

通过液压系统试验器,对应急电动泵开关接通位、应急泵开关自动位相关逻辑及相关故障信息告警功能进行检查;对液压油箱的右面开关控制逻辑及相关故障信息告警功能进行检查;对液压压力开关、旋翼刹车压力开关、油箱增压压力开关控制逻辑及相关故障信息告警功能进行检查;对刹车电动泵、停放刹车控制逻辑及相关故障信息告警功能进行检查。

3.3.5　操纵系统

1.飞行操纵系统

飞行操纵系统分为主旋翼操纵系统和尾桨操纵系统。

尾桨操纵系统由脚蹬操纵装置、推拉钢索、硬式拉杆、摇臂/扭轴、支座和尾伺服机构等组成。一台尾伺服机构安装在尾减速器上,用于尾桨助力操纵。

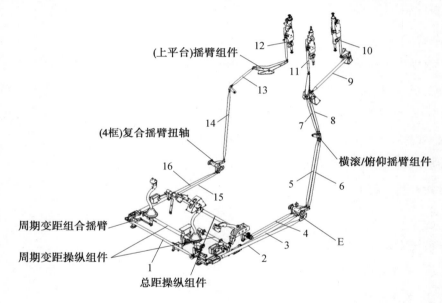

图 3.15　主旋翼操纵系统

1—前横滚连接拉杆;2—左横滚拉杆;3—俯仰拉杆;4—总距拉杆;5—杆体组件;6—4框下部固定拉杆;7—4框左侧上部固定拉杆;8—4框左侧上部横滚拉杆;9—主减速器平台上横滚拉杆;10—左后助力器输入拉杆;11—左前助力器输入拉杆;12—右前助力器输入拉杆;13—4框右侧上部横滚拉杆;14—4框下部固定拉杆;15—总距拉杆;16—右横滚拉杆

主旋翼操纵系统如图 3.15 所示,由周期操纵装置、总距操纵组件、硬式拉杆、摇臂组件/扭轴、支座和主伺服机构等组成。周期杆位于驾驶员前方,总距杆位于驾驶员的左侧。周期变距操纵组件与总距操纵组件在前舱地板下向后敷设汇合在 4 框前的复合摇臂上,3 路操纵拉杆沿 4 框向上敷设,连接复合摇臂与主减速器平台上的操纵线系,主减速器平台上的操纵线系分别连接左前、右前、左后的主伺服机构。自动倾斜器、防扭臂及变距拉杆安装在主减速器上与 H425 型机一致。

2. 航向操纵系统

航向操纵系统如图 3.16 所示,航向操纵系统为软硬混合式操纵系统,由(脚蹬)扭轴组件、推拉钢索、硬式拉杆、摇臂/扭轴、支座、尾伺服机构等组成。(脚蹬)扭轴组件位于驾驶员前下方,推拉钢索由驾驶舱、客舱地板下部右侧向后敷设至尾梁后端,经 1 组摇臂支座组件后与航向串联舵机和尾桨助力器连接。

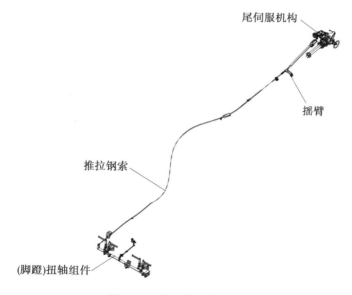

图 3.16　航向操纵系统

主旋翼操纵系统操纵改变旋翼的桨距以实现姿态和高度的控制;尾桨操纵系统改变尾桨的桨距以实现航向的控制。主旋翼、尾桨操纵系统是各自完全独立的。

系统结构装配由零件车间、部装车间完成横滚/俯仰摇臂组件、(上平台)摇臂组件、位置传感器安装孔制孔、(脚蹬)扭轴组件、周期变距操纵组件、总距操纵组件、周期变距组合摇臂、(4 框)复合摇臂扭轴装配。其中,驾驶总距杆与正驾驶杆座装配孔 1 在零件车间配制终孔,正驾驶杆座与总桨距扭矩轴装配孔 2 在部装车间配制终孔；副驾驶总距杆与副驾驶杆座装配孔 3、副驾驶杆座与总桨距扭矩轴装配孔 4 在部装车间配制终孔。

机身结构状态，先进行前机身下、4 框处的杆系连接，待主减速器、发动机和尾减速器装配后，再进行主减速器平台上杆系、伺服机构、自动倾斜器和推拉钢索等组件、成品的连接装配。其中，横滚/俯仰杆系地面组立，完成横滚/俯仰摇臂、上/下拉杆的连接，其中具体装配图如图 3.17 所示。

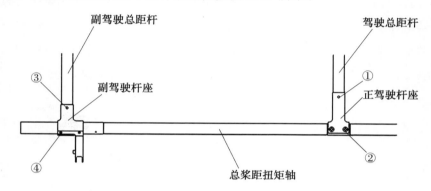

图 3.17　驾驶总距杆、驾驶杆座、总桨距扭矩轴装配图

3.3.6　旋翼系统

旋翼系统包括主旋翼系统、尾桨系统。主旋翼提供直升机飞行所需的升力和操纵力，通过主旋翼的周期变距和总距操纵实现直升机飞行状态的改变；尾桨有效平衡主旋翼的反扭矩，并提供直升机部分升力，通过尾桨的变距实现对直升机的航向操纵。

1. 主旋翼系统

主旋翼系统由自动倾斜器、主桨毂和 4 片主桨叶组成，与主减速器连接，存在不安装和安装雷达的两种构型状态。

自动倾斜器采用环式球铰结构，由动环不动环组件、扭力臂防扭臂组件和变距拉杆组件等构成，自动倾斜器安装在主减速器主轴上，通过卡环、螺栓与主轴固定连接。

使用自动倾斜器吊挂吊装分别连接动环的 3 个变距拉杆连接叉耳，将动环不动环组件平稳地吊起并套入导筒，注意在安装过程中应避免动环不动环组件与主旋翼轴或导筒出现磕碰。

安装主桨舵机,安装完成后取下自动倾斜器吊挂。

安装防扭臂/卡环组件,安装完成后检查碳化钨垫圈和碳化钨凸肩衬套之间的间隙。

2. 尾桨系统

尾桨由 10 片桨叶组件和尾桨毂组成,采用涵道尾桨结构形式能够有效提升尾桨作功效率,提高直升机飞行品质。

3.3.7　灭火系统

灭火系统包括动力舱火警探测系统和动力舱灭火系统。发动机舱和 APU 舱都安装火焰探测器,用于监控发动机舱和 APU 舱内的火焰,如图 3.18 所示。灭火系统与机电管理系统通信,提供发动机舱火警信号、APU 舱火警信号,由机电管理系统将信号提供至综合任务系统和飞行参数器。

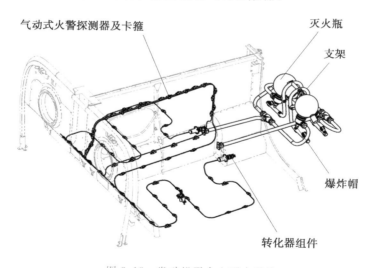

图 3.18　发动机平台上灭火系统

由零件车间、部装车间完成成品安装孔、火警探测器卡箍铆接;由总装集成车间负责成品安装,其中气动式火警探测器及发动机灭火组件安装需在发动机安装前完成;由试飞车间负责爆炸帽安装。

3.3.8　其他系统

导航系统、电气系统、防冰除雨系统、电气系统、通信系统、照明及指示/记录系统等仅涉及成品安装及导线敷设,不涉及装配协调及安装调试。

3.4　直升机总装集成制造新技术

3.4.1　直升机自动牵引技术

传统直升机牵引杆安装在后尾起机轮上,人工牵引,耗时耗力。为降低工作强度,简化牵引过程,通过电动遥控牵引装置连接后尾机轮,实现直升机自动牵引。

通过遥控器上的拨杆开关,操控滑动平台移动至直升机前轮,直到滑动平台自动停止。操作者双击遥控器侧面的按钮,抬起举升平台。按压遥控器中的"前轮下压挡板"按键,操控前轮下压挡板压住直升机前轮,直到液压泵不再对前轮下压挡板动作为止。操纵牵引装置使直升机行驶到预定位置。直升机行驶到预定位置后,松开按键,降下举升平台,打开液压门,操控滑动平台离开直升机前轮,此时操纵牵引装置驶离直升机机轮。闭液压自动门,抬起举升平台,使牵引装置行驶到存放位置,电动遥控牵引装置如图 3.19 所示。直升机自动牵引技术解决了牵引杆牵引方式在人力、时间和效率方面的不足,提高直升机站位间的转运效率,自动牵引技术已在脉动线应用。

图 3.19　电动遥控牵引装置

3.4.2　整机数字化测量技术

在对整机进行数字化测量时,开展整机数字化测量技术、数字孪生技术研究,突破大部件快速装配技术、整机数字化水平测量技术、整机装配质量全流程检测技术和复杂结构快速检测技术等先进技术攻关,从而实现装备研制生产线快速建立,降低型号研制过程中的工装费用成本。整机数字化测量技术不仅能够降低操作过程中人为因素的影响,提升测量数据的稳定性,而且测量结果在系统集成中自动存档,便于后续数据的追踪及复查。整机数字化测量技术提高了总装集成车间的水平测量工作的效率及精度,积累了自动化制造及数字化测量的经验,整机数字化水平测量操作示意图如图 3.20 所示。

图 3.20　整机数字化水平测量操作示意图

3.4.3　尾传动轴校准技术

传统测量以光学目镜贯彻靶标的方法进行轴线的模拟,并完成调整。光学测量法基准确定时间长,测量数据通过操作人员目视估值得出,精度和效率较低,对操作人员和环境依赖度高,需要经验丰富的操作人员在光线充足条件下开展工作。

对激光设备轴孔测量和轴轴测量 2 种测量模式进行研究,采用激光测量技术代替传统目视靶镜方法,实现了直升机尾传动轴组件同轴度的数字化调整。与传统光学测量法相比,尾传动轴校准方式更方便、可靠,克服了传统测量方式的局限性。激光设备可大大减少人为因素在整个校轴过程中的占比,提高测量精度,从而保证测量结果的可信度和指导性,如图 3.21 所示。

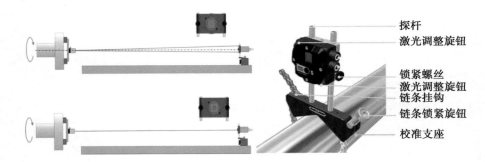

探杆
激光调整旋钮

锁紧螺丝
激光调整旋钮
链条挂钩
链条锁紧旋钮
校准支座

图 3.21 尾传动轴激光校准技术示意图

3.4.4 航空电缆数字化精益加工单元应用

电缆制造过程中,传统纸质图版和工作表的加工方法存在着数字化和自动化程度低、产品一致性差等问题,由此进行技术改造。以提高电缆制作工艺为目标,工业化应用数字仿真和信息处理技术,采用模型仿真、电子化显示、信息化管理的加工方法,建设具有自动上线和打标、电子图版显示集束、引导信息可视装配、自动化检测、信息化管理、精益化生产的生产单元,建立先进的航空电缆数字化制作平台,为未来机载电缆制作发展建立精细制作和精准加工能力,如图 3.22所示。

图 3.22 电缆精益加工单元

航空电缆数字化精益加工单元采用创新的制造模式,融合数字化、智能化、信息化工艺技术,以流水线加工作业模式,将传统手工作业模式改变为以站位式生产作业模式。根据航空电缆制造工艺要素划分为导线裁制、集束加工、电缆装配和导通测试,各个子单元协同生产,高效传递。单元从工艺设计、数智制造、物流配送、信息管控等方面覆盖电缆制造全业务,集成制造模式规划建设,以电缆数字化设计仿真、导线智能裁制、数字化集束、可视化电缆辅助装配和自动导通测试为典型特征,形成人机交互友好、精益制造模式,引领我国航空电缆制造领域的先进性。

3.4.5　武器原位校靶技术

在武器系统方面,开展了武器系统原位快速校靶技术研究,采用原位快速校靶装置,借助载机上的光、机和电等设备(主要是机载惯组和机械基准面)测量直升机基准线的实时姿态,然后通过测角法测量并调节各武器轴线相对于基准线的空间位置关系,以达到校靶的目的。对传统校靶方式存在的问题,学者提出了一种利用光电测量技术和惯性测量技术的无靶标武器装备快速校靶方法。该系统采用便携式结构设计,具有体积小、质量轻等优点。在校靶过程中不需要顶平直升机,绘制靶板,可在任意时候进行校靶,受场地、机体姿态和环境的影响小。通过建立虚拟直升机坐标系,测量直升机各武器轴线相对于基准线的空间位置,代替传统将直升机调整水平状态在机头 50 m 外进行实物校靶的工艺技术,减少校靶过程中的空间占用,提高校靶工作效率。

3.4.6　总装集成生产线建设研究

在总装集成生产线建设过程中,以数字化工艺模型的建立奠定生产线数字化设计基础,推动仿真方法在生产线布局中的应用,通过逆向建模技术、生产线三维展示技术、生产节拍仿真技术和物流仿真技术等识别生产线建设过程中可能出现的制约因素,提高设备/设施建设位置合理性及与规划的一致性,提升生产线运行过程中产品工序间衔接吻合程度及生产线规划一次性成功率。

第4章

直升机试飞技术

4.1 概　　述

试飞是指为检查、试验航空器或其他航空设备的性能与工作特性,从而进行的飞行活动。试飞是验证航空产品设计指标要求、检验航空产品质量、改进航空产品性能、进行航空新理论和航空新技术研究的重要手段,它贯穿于航空产品的预研、设计、研制、状态鉴定、列装定型、适航审定、生产交付和飞行表演、训练飞行、培训飞行等各环节的全过程。试飞的最终目的是为用户提供安全可靠、质量稳定和性能优越的航空产品,满足用户的使用要求。

4.1.1 试飞工作流程

试飞主要包括直升机交付使用之前的部件装调、地面试验、验收试飞、新研型号的科研试飞、各类机载设备试验和性能试飞等工作,以及与试飞相关的各类机务保障、场站保障等工作。直升机在完成总装集成生产后进入试飞车间,需要陆续开展地面调整、飞行前准备、科目试飞、飞行后检查、交付用户等试飞生产工作,如图 4.1 所示。

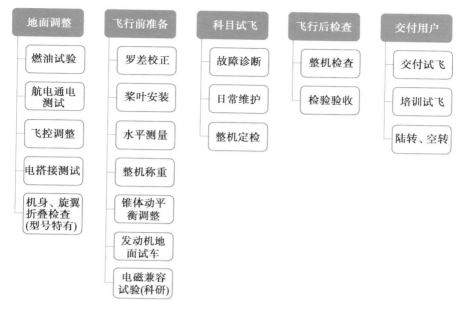

图 4.1 试飞生产工作

试飞的主要工作围绕着整机的地面准备和飞行来进行,从单机的总装集成接收开始,直到用户试飞转场结束,期间有一系列的工作:总装集成接收检查,整机喷漆,试飞前地面通电、试验、检查等工序,机务飞行准备,日常的定检维护等。其中每一个过程均有明确对应的准则,并配备相关资源,例如地面工序中的每一项工作都有与其相对应的工艺文件作为支持和依据,并提供支持此工作的设备、工具等;每个会议都有相应的制度规定,每次试飞必须具备批准的试飞大纲及明确的试飞任务单等。

4.1.2 试飞技术现状

目前已经掌握直升机称重、直升机锥体动平衡调整检查、发动机地面试车、试飞科目设计、试飞通电调试、直升机燃油系统地面调试、直升机罗差校正试验和无线电罗盘罗差校正等技术,具备直升机、定翼机的机械、特设地面检查和飞行保障能力。后续计划发展整机数字化称重技术。

通过开展综合数据采集和飞行参数数据解析、音视频记录数据解析、原位故障诊断等技术的研究,分析试飞数据,测试试飞能力。

在机场运行管理上,制定机场建设管理制度,在机场建设管理、飞行程序设计及飞行校验管理、航空管制运行、气象保障、通信导航监视及指挥自动化保障、安全保障、应急抢险等方面建立管理体系,规范试飞保障管理制度。

4.1.3　试飞综合能力

试飞综合技术能力体现在地面试验能力、飞行保障能力和日常维护能力方面。

在地面试验技术方面,需要完成燃油系统机上地面联试、主旋翼锥体和动平衡调整试验、电磁兼容试验、全机系统测试等系统层级及全机级的产品试验验证,见表 4.1。

表 4.1　地面试验技术

序号	地面试验名称	试验目的
1	燃油系统机上地面联试	保证直升机燃油系统功能正常、燃油指示系统正常
2	导航系统精确度试验	保证直升机航向、导航系统指示正常
3	动力系统地面性能达标性试验	保证直升机发动机地面试车各项性能指标正常
4	主旋翼锥体和动平衡调整试验	保证主桨叶、桨尖轨迹标记差和旋翼振动速率满足使用要求
5	尾桨动平衡调整试验	保证尾桨振动速率满足使用要求
6	旋翼与尾桨投影水平距离测量	保证旋翼桨叶和尾桨叶分别旋转各自所形成圆周在 Y_0 面上投影间的近似最短距离符合要求
7	鱼雷真实地面抛弃试验	保证外挂鱼雷能够正常抛放
8	吊声收放功能测试	保证吊声系统能够正常收放
9	压力加油达标性试验	保证压力加油时间、流量等指标满足要求
10	机枪航炮热校靶试验	保证机枪、航炮射击的精确度
11	全机系统测试	保证各系统功能正常
12	静动态电磁兼容试验	保证机上电磁环境满足试飞要求

续表 4.1

序号	地面试验名称	试验目的
13	直升机地面共振趋势测试	检查直升机在全部工作转速范围内有无地面共振现象
14	三维数字化质量重心精测	保证直升机质量在理论质量范围内,并为试飞装载提供依据

在飞行保障能力方面,直升机应具备直升机放飞保障能力、场站保障能力、试飞安全管控能力和应急处置能力,见表 4.2。

表 4.2　飞行保障能力

序号	飞行保障项目	保障要求
1	地面准备	完成飞行前的全部地面试验工作,具备飞行状态
2	航前检查	飞行前的全面检查,保证直升机本次试飞状态良好
3	航间检查	飞行日再次出动前的检查,保证下场次直升机状态良好
4	航后检查	全天飞行结束后的检查、处理故障,保证直升机的状态良好。
5	航行管制	飞行期间的飞行调配、指挥,保证按飞行计划、空域执行
6	燃油添加	直升机燃油加注,满足飞行需要
7	电源保障	保证直升机飞行前的通电检查、发动机启动
8	驱鸟	直升机飞行期间的防鸟撞
9	场道清理	飞行前保证滑行道、停机坪、联络道、主跑道的清洁
10	净空管理	监控飞行期间的空中外来物(无人机、风筝等)
11	消防抢险	飞行期间应急保障,具备应急处置能力
12	医护	飞行员体检管理,应急救护
13	灯光保障	保证机场灯光满足夜航要求
14	安全管理	监督以上工作的完成质量

在日常维护能力方面,试飞专业依托用户技术资料,具备直升机的定检、保存、日常管理和设计更改的技术能力,见表 4.3。

表 4.3　日常维护能力

序号	维护项目	维护要求
1	定期检查	到达直升机检查周期时,按用户手册要求进行检查,保证直升机状态良好和持续适航
2	寿命监控	对机载有寿件进行监控,按期更换、返修、维护,保证成品可靠性
3	状态控制	按设计要求进行更改、试验、验证,保证直升机的最新技术状态可控
4	日常管理	直升机的牵引、停放、顶起、油料加注、充气、部品拆装等方面的工作,保障生产任务的需要和用户财产的完好性
5	油封	对直升机的封存所做的工作,保证直升机封存期间的状态良好

4.1.4　站位划分

　　试飞专业主要包括直升机交付使用之前的部分部件装调和地面试验、验收试飞、新研型号的科研试飞、各类机载设备试验及性能试飞等工作。

　　试飞工艺中原本有很多工作没有固定的站位。除了几项不可逆转的工作必须按顺序进行以外,如燃油试验、罗差校正、地面试车等,统筹规划试飞站工艺布局,借鉴站位式生产线思想,规划建设试飞站位式生产线,充分参考以往试飞地面准备及飞行试验等要求,策划六个工作站位。根据科研机地面准备及首次科研试飞任务特点,科研期间不开展第四站位的交付试飞及第五站位的监控代表铅封工作,但为了顺利实现研制转批产,将以上科研期间不开展的站位计划进行保留,为批产工作做好前期站位规划。

　　试飞生产线共划分六个站位,各站位主要工作如下。

　　(1)一站位。全机各系统、部件的安装固定性检查,电力、飞行控制、机电综合、航电武器等系统的地面通电检查,完成总装集成接收。

　　(2)二站位。喷漆前的整流罩等部品的拆卸、防护,按喷漆方案完成整机喷漆后,恢复安装。

（3）三站位。燃油系统机上地面试验、系统油料添加、桨叶安装、全机称重、水平测量、动力系统启封、地面试车及运转试验、锥体与动平衡调整、仪表/无线电罗差校正、武器系统地面热校靶等，完成首飞前的地面工序及试验工作。

（4）四站位。进行航前准备及航后检查，进行地面开车及各项地面科研试验，进行首飞及各项科研试飞，批产后进行交付试飞等工作。

（5）五站位。批产后进行监控代表铅封工作，对完成交付试飞的直升机进行最终检验。

（6）六站位（临时站位）。进行各项设计贯改，配合各车间及成品厂家完成设计贯改工作，可按实际要求择机开展。

4.1.5 国内外现状

各试飞站通过多年建设投入，建立比较完善的技术、机务和场务保障体系，提高飞行测试能力，提升研制试飞和批产试飞交付能力及部分鉴定试飞能力。

某试飞站拥有西南电磁兼容检测中心资质，从国外引进了全套电磁干扰自动数据采集系统和电磁敏感性自动测试系统，能够承担大型系统的内外场电磁兼容性试验。经过二十多年的建设，某试飞站拥有国际先进的飞行测试设备及配套设施，具有完成国家级航空产品定型试飞的能力。同时某试飞站负责某机场管理工作，已取得民用航空局机场使用许可证。GNALS 系统、A/GDAS 数据采集系统、GPS 地面基站设备、MLS 微波着陆系统、FTA－43 空中战术导航系统和 384S 中远程警戒引导雷达等各类设备不仅为飞行试验提供了可靠保障，也为民用航空技术开发创造了有利条件。

某试飞站强化技术创新和数字化驱动，聚焦生产任务主线，加快信息化协同管控建设，狠抓试飞落脚点，强力推进装备交接装专项任务，健全管理机制，精准聚焦客户需求，强化交付状态管控，加快接装问题处理，实现装备交装周期 30 天的目标，实现 2021 年度提前 16 天完成全年批产试飞任务。

某试飞站推进场站"标准化－信息化－数字化－智能化"转型，组织开发了生产管控试飞数据决策分析系统，可以自动收集、自动梳理各项试飞数据，使生产交付主业务实现了线上管理、系统内清晰的单机状态，完备的各项数据使试飞工作更精准、高效。

美国国家航空航天局利用气动载荷飞行试验程序 UH-60A 收集各种飞行条件下的数据,存储在倾转旋翼工程数据库系统中。该数据库可提供大量数据,以提高对旋翼的理解、验证和改进预测编码。

空中客车公司已有多个广为人知的飞行实验室,例如用于评估在大型客机中引入层流机翼技术可行性的 A340 首架原型机的 MSN1,以及用于评估飞行中客舱互联技术的 A350"空客飞行空间"探索验证机。

空中客车直升机飞行实验室提供了灵活高效的测试平台,可以快速测试可能装备于空中客车直升机上的技术,甚至可以为未来的固定翼直升机或(电动)垂直起降平台测试更多的颠覆性技术。空中客车直升机计划通过其飞行实验室验证机进行混合动力和电力推进技术的测试,并探索自主飞行技术,还有其他旨在降低直升机噪声水平或提升维护和飞行安全的技术。空中客车的创新专注于为客户带来价值。

4.2　直升机地面试验技术

4.2.1　整机地面试验

整机地面试验借助动特性试验厂房完成全机动特性试验,整机地面试验借助停机坪完成各种地面开车检查试验及地面电磁兼容试验,整机地面试验借助靶场、压弹间完成机弹相容试验,整机地面试验依靠罗盘场完成直升机磁场对应急磁罗盘的影响试验,整机地面试验借助斜坡试验场完成固定角度的斜坡试验。在调试机库内,完成其他对场地无特殊要求的地面试验。

1. 动特性试验厂房

配备 20 t 桁吊、电动式激振器、32 通道振动模态测试系统、功率放大器、PCB 加速度传感器、动特性试验墙、动特性检查工作梯,具备进行全机动特性试验能力,更能配合总设计师单位完成全机动特性试验,并提供相关的试验环境和场地设施。

2. 停机坪

停机坪场地开阔平坦,远离高大建筑物、金属反射物和辐射源,可配合完成各种地面开车检查试验和地面电磁兼容试验。

3. 专用火控武器热校靶靶场

靶场地面平整坚实,有明显的直升机停放标识点,靶场内配备可移动、高度可调节的靶板,子弹压弹间,弹壳收集箱等专用基础设施,满足火控武器压弹、射击、弹壳收集等需求,同时配备防弹药射出防护装置、地面系留装置、警示旗、反光锥、围挡和灭火设备等安全防护设施,可满足武器系统热校靶的安全要求,可配合完成机弹相容试验。

4. 无铁磁干扰的中心转盘及罗盘场场地

罗盘场场地直径为 30 m、罗盘场场地直径为 240 m 内无电力线、机棚等建筑物,周边无钢板跑道,地下无电缆通过,距离检查无线电罗差用的导航台为 3 km,场地配备排水系统可满足雨雪天气使用需求,可配合完成直升机磁场对应急磁罗盘影响试验。

5. 斜坡试验场

斜坡试验场须满足军用机场侧净空限高要求,斜坡场地坡度为 3°、5°、6°、8°、10°、12°,斜坡场地尺寸为 36 m×36 m,可配合完成以上角度的斜坡试验。

整机地面试验包括直升机全机动特性试验(包括桨毂中心动力特性试验、旋翼主减发动机装机动特性试验、平尾装机动特性试验、尾段安装动特性试验、尾传动轴安装动特性试验等)、地面共振试验、机弹相容试验、传递函数试验、全机振频振型试验、20 h 地面运转试验、防/除冰系统机上地面运转试验、动力系统地面调整试验、飞行控制系统机上地面试验、机上磁场对应急磁罗盘的影响试验、全机电磁兼容检查、全机静电防护验证试验、机上折叠试验、蓄电池应急供电试验、外挂副油箱向机内燃油箱输油地面试验、外挂副油箱地面应急抛放试验等。

4.2.2 质量重心测定技术

整机称重前,需要完成发动机、传动和液压系统所必需的油量添加。称重时按设计部门下发的技术状态清单进行全机装机状态检查,包括对机身、发动机、航电设备等配套及选装列表进行核对记录,将数字指示秤(地上衡)分别放在左、右、后千斤顶支点下面,利用数字指示秤(地上衡)自身的水平调节装置或象限仪

（或电子倾角仪）使数字指示秤（地上衡）处于水平状态,如不具备水平状态要求,使用数字指示秤（地上衡）自身配备的垫片置于其底部,使数字指示秤（地上衡）水平。缓慢操纵千斤顶,使直升机缓慢上升,机轮离地并锁好保险螺母。

利用象限仪（或电子倾角仪）在机上进行水平调整,利用水准仪通过读取卷尺刻度,精确测量调整直升机至水平状态,锁好千斤顶保险螺母。数字指示称（地上衡）的读数平稳后,记录读数,数字指示称如图 4.2 所示。

图 4.2　数字指示称

水平称重后,操纵后千斤顶放泄开关,使后千斤顶分别降（或升）－100 mm、＋50 mm、＋100 mm、＋150 mm,同时读取各秤读数和机身的纵向倾角（低头为正）,观察并记录水准仪光学轴线上的 Z 向距离。用特定的公式计算出直升机的质量和重心,同时编制《称重报告》进行相应记录,水准仪如图 4.3 所示。

图 4.3　水准仪

4.2.3　旋翼系统平衡调整

在第一次旋转时,先检查尾桨的平衡。在做旋翼平衡前,必须确定尾桨测量的振动水平在 1.0 ips(1 ips＝25.4 m/s)以下,否则应先做尾桨的平衡。进行主旋翼动平衡时应先进行锥体检查,待锥体检查合格后再进行动平衡检查。主要进行旋翼锥体的检查及调整、变距拉杆的调整、主旋翼动平衡检查与调整,如图4.4、图 4.5 所示。

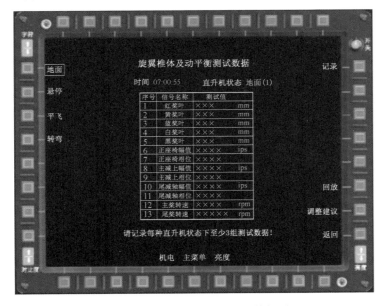

图 4.4　旋翼锥体及动平衡测试数据页面

图 4.5　频闪仪

4.2.4　燃油试验优化

燃油试验是直升机研制生产中的一道至关重要的工序，是保证直升机燃油油量显示准确性的关键检测方法。

目前燃油试验设备包括工控机、储油罐、加油泵、质量流量计、压力计、供油管路转盘、回油管路转盘及对接装置，如图 4.6 所示，该套控制系统的各项功能已固化定型。

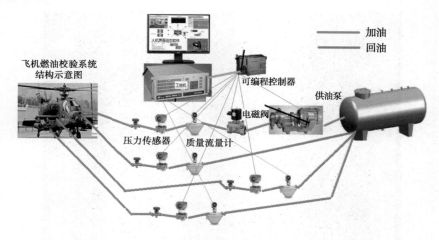

图 4.6　燃油试验设备示意图

影响试验系统的主要原因在于燃油试验在科研阶段对试验步骤等相关工作没有优化，导致与批产阶段优化后的用时差距较大。根据对多型机科研期间实际历史统计检查发现的问题有：试验器软件和硬件兼容性差；试验连接、断开及取样位置不合理；试验步骤设置不合理，浪费大量准备时间；试验过程中经常出现加油量设置不合理；浪费大量输油时间，如图 4.7、图 4.8 所示。

通过对设计试验方案进行优化，将试验改为间接进行回油测量。在不改变原有接口的前提下，定制接口转接对接工装。通过选取其他位置对管路进行拆装，根据以往型号浸泡时间统计结果，将新型浸泡时间减少至最短。根据检查要求，将多个项目分类后进行最小化合并，采用间接测量传输方法大大缩短试验周期，达到最终目的。

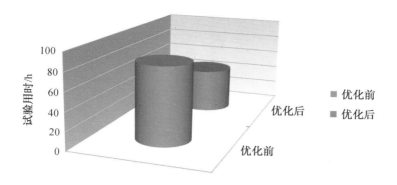

图 4.7　燃油试验目标柱状图

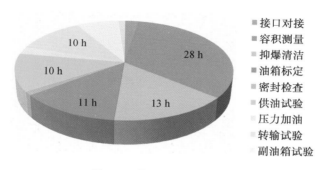

图 4.8　燃油试验项目分配

4.3　直升机场务保障技术

4.3.1　空域管理调配

飞行区指标为 4D,飞行区可以保障固定翼直升机和旋翼直升机飞行,具备承担专业飞行、特殊飞行、通用航空客货运输飞行、培训飞行等保障任务的能力。

4.3.2　归航引导

归航引导配备有超短波、短波对空指挥电台,远近距使用 NDB900 型导航机、500W 归航台、MARK－500、6W 信标机,可以满足直升机试飞期间对空通信及飞行导航的要求,提高场地能见度条件下的科研试飞与通用飞行的保障能力。

超短波地面台及二次雷达如图4.9所示。

图 4.9　超短波地面台及二次雷达

4.3.3　气象观测

机场气象台需设有气象自动观测系统和实时预报系统,与国家或地方气象台有联网信息系统,并提供本场预报及天气实况观察。建立气象信息共享系统,可以实时查询航路和全国机场的气象信息实况。

4.3.4　其他保障能力

机场保障车辆应齐备,需配备救护、抢险、消防、电源、油料、道路清扫、清雪和驱鸟等车辆,可以保证直升机试飞阶段和试飞期间的车辆需求,以及专业飞行、特殊飞行、科研试飞和培训飞行所需特种设备的车辆保障工作,如图4.10、图4.11所示。

图 4.10　驱鸟旗与驱鸟网

图 4.11　保障车辆

4.4　直升机机务保障技术

　　直升机科研试飞机务保障技术能够完成维护手册规定的日常和定期检查、对维护手册开展持续验证。试飞单位应具备完整的机务保障体系和先进的保障设备，搭建完整的文件体系，通过人员、设备、试验机管理、飞行保障及定期检修等各项规范开展机务保障工作。地面保障设备设施如图 4.12 所示。

图 4.12　地面保障设备设施

4.5　试飞安全

　　试飞安全管理体系应具备机务保障、场务保障、地面试验和直升机加改装能力。应该将试飞安全管理体系定义为质量管理体系在试飞阶段的延伸,把试飞安全建立在质量保证、安全生产和试飞能力建设的基础之上,明确在试飞阶段质量体系以管理产品质量和把控直升机状态为主,试飞安全管理体系以管理现场作业流程合规性和查找组织管理缺陷为主。在体系界面明确的情况下,试飞安全管理体系依托于质量管理体系输出的产品合格、状态可控的直升机,将自身的管理重点精准聚焦于规章制度、人和运行环境等影响飞行安全的因素,将安全管理水平由注重人为差错升级到查找组织管理缺陷的程度,使试飞安全管理能力与年产上百架机的生产能力匹配,促进均衡试飞,确保飞行安全。同时,试飞现场以标准作业程序(standard operation procedure,SOP)卡单为抓手,落实机务、场务标准化作业要求;利用信息化手段,监控飞行全过程,保障飞行任务安全实施。

4.5.1　运行高效的信息化应用能力

试飞安全管理系统填补了我国主机厂在试飞安全管理信息化领域的空白。形成了"管理—控制—执行—反馈"一体化系统,同时借助信息化平台的搭建理顺了试飞安全管理的流程,节约了大量的人力、物力和财力,达到了模块式管理。通过信息化平台的运行,使各项管控工作更规范、管理措施更有效、管理流程更清晰、管理目标更易实现。

4.5.2　主动预防的风险防控能力

试飞安全管理体系制定了一套完整的安全风险管理程序,建立了安全绩效监测、内部审核、管理评审和安全经验教训交流等一系列辨识安全风险的流程,引入可视化领结分析法,能够多角度、多专业地挖掘风险产生的原因、措施和失效条件,强化了缓解/控制措施和失效控制措施的沟通与管理。参与创建标准危险源库,积极引领行业标准化风险防控能力的提升。积极推进试飞管理模式转变,将风险管理框架向上延伸至试飞设计和工艺过程,培养一线自查自纠能力,从源头提高风险防范能力。

4.5.3　持续改进的绩效评价能力

参照民航安全绩效管理办法,结合试飞安全管理体系,制定试飞安全绩效目标和安全绩效指标的要求,建立一套以安全关口前移为目的、以掌握安全状态和实施针对性改进为重点的安全绩效管理体系,通过制定科学、合理的目标和指标,监测绩效目标和指标的完成情况,评价风险控制措施的有效性等方法实施安全绩效管理,已形成等系统化、规范化管理机制,使绩效结果能真实地反映改进方向,定位试飞安全问题准确。

4.5.4　全面完善的应急救援能力

形成成熟化、实战化和标准化的试飞现场应急处置方案,以特情场景为牵引,制定试飞现场应急处置方案。通过不断增加应急救援方法,引入外部力量,使应急救援方案和组织流程设置更合理、可操作。通过每年均选取若干份处置程序开展评审、改进和评估、实战化演练,提高了应急救援抢险人员的反应能力和处置能力,检验了抢险物资的齐备、有效,考核了应急救援实施效率和效果,经过多年的数次演练,已经能够实现通过应急救援最大限度地减少人员伤亡和财产损失的目标。

4.6　直升机试飞新技术

4.6.1　整机数字化称重系统应用

整机称重的传统测量方式受人为主观因素影响大,测量精度较低,人工操作困难。整机数字化称重利用先进的测量设备、数字化定位设备,可提高测量精度和生产效率,替代传统整机称重。

数字化称重系统由三个可移动的数字定位器手持终端和线缆组成,数字定位器移动底盘为麦克纳姆轮结构。驱动控制系统采用正交轮控制驱动,三个轮子分别提供 V_1、V_2、V_3 的速度,在平面内进行速度矢量合成,从而实现平台在水平面内的全向移动,原理如图 4.13 所示。

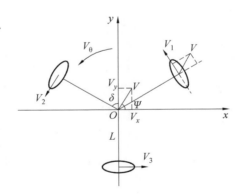

图 4.13　正交轮驱动原理

升降控制系统的运动控制器采用 C6920 系列 IPC 控制器,其通过 EtherCAT 总线完成三个数字定位器的升降控制。基于工业以太网的 EtherCAT 总线拥有非常强大的分布时钟(distributed clock,DC)机制。分布时钟可以使所有 EtherCAT 设备使用相同的系统时间,从而控制各设备任务的同步执行。网络中具备 DC 功能的从站(驱动器)在主站(控制器)的控制下同步于一个参考时钟。通过 EtherCAT 总线中的 DC,可以实现组内所有驱动器的输入数据、输出数据的同步读取和输出。同时,由于 EtherCAT 协议直达每个驱动器,因此无须使用下位总线系统,极大地缩短系统响应时间,可以实现各数字定位器升降过程中定位的精准性和同步性。水平调整系统采用三个升降支腿支撑调平的形式。三个升降支腿的电机端与底盘车架固定连接,通过对三个电机位移控制及底盘倾角的检测,避免三个升降支腿出现"虚腿"现象,可实现平台的水平调整工作。三台数字定位器的调姿控制由主站位多轴控制器实现,控制器根据调姿算法计算出各轴运动数据,生成各轴运动曲线,采用内部的"电子凸轮"模式实现多轴协调同步控制,通过各轴同步运动转换为部件的姿态调节。在手持终端中嵌入质量重心计算公式,姿态调节完成后,采集各顶点质量和位置信息,出具称重报告。

4.6.2　主桨叶拆装优化系统应用

主桨叶是直升机的关键部件,目前主桨叶拆装主要采用人工搬运、桁吊吊装和手工调整方式,人力成本高,并且易产生磕碰风险。主桨叶拆装优化技术利用机械臂实现桨叶自动升降,并配置防撞报警,人机协作,可完成桨叶的快速拆装,提高工作效率和安全系数。

主桨叶柔性装拆系统由 AGV 移动平台、6 轴机械臂、桨叶柔性夹持末端、集成控制系统及配套的电源系统等构成,实现人工和遥控的柔性装配方式。AGV移动平台可拖动桨叶拆装机械手移动到工作区域,6 轴机械臂为加持末端提供安装基础和空间移动能力,集成桨叶夹持机构可无损夹持主桨叶,遥控模式可进行主桨叶拆装的初步位移,到达待安装区约 200 mm 距离处停止运行,同时 6 轴机械臂及桨叶柔性加持末端具备随动控制能力,此时切换人工操作模式,可随操作者力感进行随动,完成最终调资。集成控制系统可控制 AGV 移动平台、6 轴机械臂及桨叶柔性加持末端等功能单元系统集成。桨叶拆装过程中,可以通过模式切换实现人工对机器臂姿态和桨叶柔性加持末端的轨迹控制。

4.6.3　试飞数据分析系统应用

针对直升机试飞保障工作,建设数据存储平台,部署数据存储服务器、在现场组建局域网,建立飞参数据集中存储管理与共享环境,提供历史飞参数据存储和共享应用,实现飞参数据服务器端处理,客户端同步共享查看,减少客户端数据处理工作;建立飞参综合应用分析系统,改变当前飞参处理设备配套的处理软件为单机运行、只支持单架次数据判读和分析查看的现状。建立智能化飞参综合应用分析系统,满足历史多架次飞参数据的机群综合监控、趋势监控等数据的分析功能,并提供灵活的数据导出接口。通过试飞数据分析系统应用,集中存储综合数据,采集系统记录的客观数据,将各试飞数据结果进行标准化存储,实现通用判读分析功能,为海量数据的统计分析和挖掘应用提供基础,提高机务人员的工作效率,深化飞参数据应用。

4.6.4　空勤地勤无线通信系统应用

直升机地面开车、起飞前开车时,旋翼、发动机会产生非常大的噪声,观察人员只能通过手势与机组人员进行沟通,沟通效率低下,缺少有效的沟通方法,不利于特情的处置。空勤地勤无线通信系统由头戴式无线通话器、天线和语音无线转接盒等组成,机外人员佩戴无线通话器,通过语音无线转接盒将机上内话系统与无线通话器组成一个内话系统,可满足在噪声环境下机务人员之间、机务人员与空勤之间的近距离通信联络,其系统容纳量大,可同时满足 10 架机无相互干扰独立通信,有效加强特情的处置能力。

4.6.5　试飞智能避让系统技术应用

在科研试飞过程中,直升机在空中的位置信息非常重要,在同场直升机试飞数量增多的情况下,直升机空中防相撞的要求增加,给飞行指挥带来压力。基于飞行安全考虑,研究直升机试飞智能避让技术,利用自组网技术实现直升机间的实时数据传输与共享,通过离线地图展示技术和高效的数据处理,实现直升机试飞过程位置信息实时掌握,并在各直升机上共享同场直升机位置,设置危险接近报警,避免空中相撞,提高飞行指挥决策能力。

4.6.6　扩展现实技术应用

扩展现实机务保障系统,可用于机务日常维护常识与专业基本技能、系统维护检查、复杂环境机务工作、日常机务工作。通过系统维护理论学习及内、外场机务维护工作虚拟训练,提升机务人员技能水平,从而提高产品维护质量。融合数字孪生与混合现实技术的试飞培训模式一般可以分为人机交互、跟踪注册、数据管理、虚实融合,如图 4.14 所示。

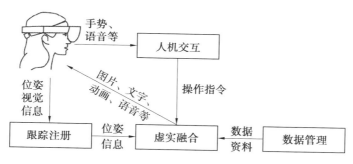

图 4.14　正交轮驱动原理图

人机交互模块能够使系统理解用户意图,并且做出正确的响应;跟踪注册模块能够获取用户的位置信息和培训对象的图形信息,使虚拟物体稳定地在用户视野中显示;虚实融合模块负责处理交互指令,结合数据库生成图片、文字和动画等引导信息,并且渲染在受训者的视野中;数据管理模块用于管理操作者信息和培训信息。

4.6.7　机场飞行区道面异物探测系统应用

机场飞行区道面的清洁和质量直接关系直升机飞行安全,以往常有异物扎伤轮胎、打伤发动机叶片等问题发生。为实现飞行区道面快速清扫,满足放飞要求,构建机场飞行区道面异物探测系统。采用雷达扫描及视觉识别技术,基于多传感器融合的高精度定位算法、图神经网络的风险预测及智能决策技术、场道状态数据库等,实现机场停机坪、滑行道、联络道和跑道等飞行区道面异物的快速扫描、精准定位,提高飞行准备效率和清扫质量;根据大数据自动进行风险评估,生成维护策略,延长场道寿命,保证试飞安全;使用全天候条件下工作的监测与异物清除一体化移动设备,全自动进行高负荷场道巡检,完成数据采集、异物清除等任务。

4.6.8　鸟情监测系统应用

鸟类在机场周围或机场内部活动时，可能会撞击直升机，造成航空事故，对航空安全造成威胁。目前直升机机场主要靠声音驱赶的方式防鸟类，效率较低，效果不明显。鸟情监测系统是利用雷达及机器视觉技术，监测鸟类种类、大小及其活动的规律和趋势，以采用相应的防鸟措施提高驱鸟效率，并在直升机起降阶段及时掌握鸟情，以做好避让，保证飞行安全。

鸟情监测与驱鸟设备管控系统主要由专用鸟情信息处理与分发管理软件及工作站硬件平台组成，如图 4.15 所示，该系统软件实现鸟情综合显示、驱鸟设备状态显示与管控、鸟情信息分发等功能，是机场鸟情监测与管控系统工作的指挥部。探鸟雷达系统由一部 S 波段两坐标脉冲雷达和一部 X 波段脉冲雷达组成，用双频段、双雷达数据融合技术，在全自动无人值守且连续开机的工作方式下，可实时获得鸟类飞行目标的距离、方位、高度、速度和飞行方向等信息，实时显示鸟类飞行航迹，航迹信息可用于机场鸟情监视、驱鸟目标指示和飞行管制，可显著降低鸟击发生概率，提高航空安全。系统配备鸟情数据库和统计报表生成软件，探测的鸟情数据以数据库的形式进行存储与管理，并提供强大的鸟情统计分析与报表生成功能。

图 4.15　鸟情监测与驱鸟设备管控系统

参考文献

［1］王东署,朱训林.工业机器人技术与应用［M］.北京:中国电力出版社,2016.

［2］邹方.人机协作标准及应用动态研究［J］.航空制造技术,2016,2:58-63.

［3］贾计东,张明路.人机安全交互技术研究进展及发展趋势［J］.机械工程学报,2020,56(3):16-30.

［4］邓朝晖,万林林,邓辉.智能制造技术基础［M］.武汉:华中科技大学出版社,2021.

［5］丘宏俊.基于知识的直升机装配工艺设计关键技术研究［D］.西安:西北工业大学,2006.

［6］于勇,胡德雨,戴晟.数字孪生在工艺设计中的应用探讨［J］.航空制造技术,2018,61(18):26-33.

［7］靳江艳,黄翔,刘希平.基于模型定义的直升机装配工艺信息建模［J］.中国机械工程,2014,25(5):569-576.

［8］丘宏俊,陶华,高晓兵.直升机装配工艺设计知识本体［J］.西北工业大学学报,2007,01:32-36.

［9］郭飞燕,刘检华,邹方.数字孪生驱动的装配工艺设计现状及关键实现技术研究［J］.机械工程学报,2019,55(17):110-132.

[10] 徐峰悦.直升机装配工艺[M].北京:北京航空航天大学出版社,2021.

[11] 梁青宵.直升机装配工艺设计[M].西安:西北工业大学出版社,2023.

[12] 田威,齐振超,王珉.直升机装配技术[M].北京:科学出版社,2023.

[13] 龙春风.CATIA V5机械设计[M].北京:清华大学出版社,2003.

[14] 宋静波.直升机构造基础[M].北京:航空工业出版社,2011.

[15] 康永刚.直升机装配工艺装备[M].西安:西北工业大学出版社,2018.

[16] 张呈林,郭才根.直升机总体设计[M].北京:国防工业出版社,2006.

[17] 崔春泉,匡翠.直升机制造业中基于BOM的工艺管理模式探究[J].科技视界,2014(28):266-267.

[18] 刘水明,吕薇.基于直升机总装集成站位管理的装配指令和配套卡的优化研究[J].新技术新工艺,2022(1):9-16.

[19] 郭庆,萨路.沉浸式维修性虚拟验证平台开发与应用[J].实验室研究与探索,2017(9):92-96.

[20] 张浩.航空产品质量先期策划(APQP)中"标准PFMEA"的应用探究[J].中国新技术新产品,2022(2):139-142.

[21] 王婷.直升机脉动装配生产线关键技术应用及发展[J].科技创新导报,2018,15(35):86-87.

[22] 王淼.直升机总装集成脉动生产线研究[J].中国科技信息,2019(2):23-24,27.

[23] 李永东.浅析直升机总装集成移动生产线技术[J].科技风,2012(12):12,25.

[24] 苌书梅,杨根军,陈军.飞机总装集成脉动生产线智能制造技术研究与应用[J].航空制造技术,2016,59(16):41-47.